新手月季栽培完全手册

完全手册

品种选择·栽培养护·病虫害防治·庭院搭配

（日）村上敏 主编

周百黎 陆蓓雯 译

化学工业出版社

·北京·

U0228699

HAJIMETENO BARA TO TSURUBARA supervised by Satoshi Murakami

Copyright © 2018 SEIBIDO SHUPPAN

All rights reserved.

Original Japanese edition published by SEIBIDO SHUPPAN CO., LTD., Tokyo.

This Simplified Chinese language edition is published by arrangement with
SEIBIDO SHUPPAN CO., LTD., Tokyo in care of Tuttle-Mori Agency, Inc., Tokyo
through Inbooker Cultural Development (Beijing) Co., Ltd., Beijing.

本书中文简体字版由 SEIBIDO SHUPPAN CO., LTD. 授权化学工业出版社独家出版发行。

本书仅限在中国内地（大陆）销售，不得销往中国香港、澳门和台湾地区。未经许可，不得以任何方式复制或抄袭本书的任何部分，违者必究。

北京市版权局著作权合同登记号：01-2020-5146

图书在版编目（CIP）数据

新手月季栽培完全手册：品种选择·栽培养护·病虫害防治·庭院搭配/（日）村上敏主编；周百黎，陆蓓雯译. —北京：化学工业出版社，2021.4（2023.6重印）

ISBN 978-7-122-38438-6

Ⅰ.①新… Ⅱ.①村…②周…③陆… Ⅲ.①月季 - 观赏园艺 Ⅳ.① S685.12

中国版本图书馆 CIP 数据核字（2021）第 018527 号

责任编辑：孙晓梅　　　　　　　　　　　装帧设计：张　辉
责任校对：边　涛

出版发行：化学工业出版社（北京市东城区青年湖南街13号　邮政编码100011）
印　　装：北京宝隆世纪印刷有限公司
710mm×1000mm　1/16　印张13　字数300千字　2023年6月北京第1版第3次印刷

购书咨询：010-64518888　　　售后服务：010-64518899
网　　址：http://www.cip.com.cn
凡购买本书，如有缺损质量问题，本社销售中心负责调换。

定　　价：78.00元　　　　　　　　　　　　　　　版权所有　违者必究

初次栽培月季者 Q&A

月季栽培入门需要的知识面很广，即使是选择哪一种月季来开始，这个看似简单的问题，也常常让初学者感到困惑。

在这里，我们就用 Q&A 的形式来回答初次栽培月季者的一些常见的问题。

Q1：为什么大家都说月季栽培很难？

A：月季的品种很多，各自有着不同的特性。

月季从枝条的生长方式到开花的特性，以及对病害的抗性等，每个品种的特性都各不相同。所以我们在栽培时首先要了解特定品种的性质。

栽培月季的要点在于把握枝条伸展的形态和开花的方式。月季的株型可以分为直立株型、藤本株型、可藤可灌株型这 3 种，开花方式则分为四季开花型、重复开花型和一次开花型。

根据这些性质的差异，不同的品种要采用不同的枝条修剪方式和管理方法。所以栽培月季虽然看起来很复杂，但只要把握住品种的性质特点来进行，也不是那么困难。

藤本株型

直立株型

每个品种都有
不同的特性

可藤可灌株型

Q2：月季是什么样的植物？

A：是原生地主要分布在北半球的温带地区的植物。

在喜马拉雅山南麓生长着很多野生种，可以认为这个地区就是月季的发源地。野生种广泛分布于北半球，从这些野生种中培育出了多种多样的园艺品种。

因为多见于温带地区，大多数的月季春季生出新叶，秋季落叶，也有终年常绿的类型。生长时是从植株基部长出数根枝条，旧的枝条更新成新的枝条这样不断更新生长。

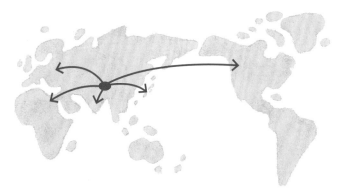

据说月季是从喜马拉雅山南麓扩展开来的。

Q3：为什么有那么多月季品种？

A：月季自身的魅力和自古以来的栽培历史，形成了大量的园艺品种。

月季自古以来就被世界各地的人们所知晓，在圣经里就有关于月季的记载。除了香料用的月季品种外，还有各种颜色和香气的观赏品种，经过杂交组合，形成了更加美丽和芳香的月季品种，让人们心醉神迷。如今，更多美丽的品种正在不断地产生着。

现在世界上的月季品种超过 3 万个，自古以来的品种改良，产生了这些在颜色、开放方式上都各具特色的月季。

在圣经里也有记载，栽培和杂交的历史与月季的发展有很大关系。

Q4：有分辨不同品种的方法吗？

A：通过花色、株型等，能够在一定程度上确定品种。

随着品种改良，出现了很多月季品种，即使专业人士要分辨它们的差异也很困难。但是，通过株型、开花方式、花型、花色等，可以多少缩小一下范围。

首先看花色，其次看花型，这两个是最重要的元素，但是花色、花型会根据开花时间和环境而有所变化，所以也只能作为参考。这时，可以通过叶子的颜色、形状和株型等来筛选，之后再查阅图鉴或是品种目录。但是即使如此，也会有不少类似的品种。

① 花色	② 花型	③ 开花方式	④ 叶色、叶形	⑤ 株型
白色、粉色、红色、紫色、黄色等，中间色则比较难分辨。	平展状、莲座状等（参照45页）。如果开花的枝条不够茁壮，花型可能会变化。	一根枝条上开一朵花，一根枝条上开数朵花。	光亮的叶子或是无光泽的叶子。	直立株型，藤本株型，可藤可灌株型。

Q5：品种太多了，该从哪个品种开始培育？

A：寻找适合种植场所环境的月季来培育吧。

要不要种一棵藤本株型月季爬上去呢

开始种植月季的时候，要先决定栽培的地点。狭小的空间里适合种植不会长太大的月季，墙壁上可以用会攀爬的大型藤本株型月季，这样根据枝条的性质来选择月季品种。另外，选择自己喜欢的、强健、容易栽培的品种也很重要。因为如果是自己喜欢的月季，那么发生病虫害就会立刻注意到它的变化。

推荐选种不仅花朵美丽，耐寒性和抗病性也很优秀的 ADR 认证品种（58页）。

Q6：月季的刺有什么作用呢？

A：根据原生地的环境不同，刺的作用也不同。

月季的刺是由树皮变化而来，不同品系的月季，刺的样子也不同，这是由品系起源的野生种的产地所决定的。

人们认为月季刺的作用包括钩到其他植物身上往上爬，防倒伏，避免动物咬噬，在寒冷地区可以防寒，在炎热地区可以蒸发热量来降温等。但实际上，人类还没有完全了解它。

此外，新枝条的刺较为柔软，老枝条上的刺脆而易断，会从基部脱落。如果把新枝条上的刺去掉，枝条容易折断，所以即使有些碍事也最好保留这些刺。

也有一些无刺的月季品种，但是数量不多，我们在修剪和处理枝条时，最好佩戴月季修剪专用的皮手套。

根据品种不同，刺的特性也各不相同，有些按一定间隔排列，有些像毛一样覆盖整个枝条，有些有独特的形状。月季的刺其实是很值得关注的特征。

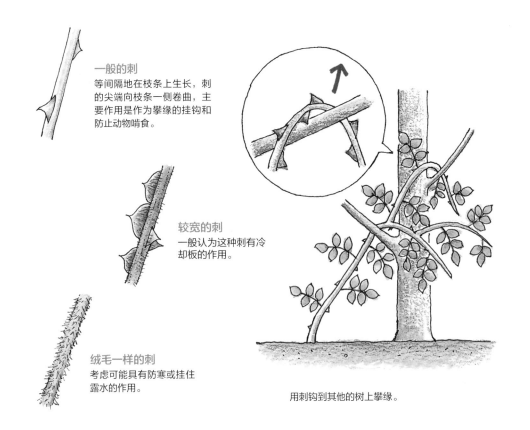

一般的刺
等间隔地在枝条上生长，刺的尖端向枝条一侧卷曲，主要作用是作为攀缘的挂钩和防止动物啃食。

较宽的刺
一般认为这种刺有冷却板的作用。

绒毛一样的刺
考虑可能具有防寒或挂住露水的作用。

用刺钩到其他的树上攀缘。

Q7：月季喜欢什么样的环境？

A：最喜欢日照好的环境。

月季基本上都喜欢日照好的地方。日照好的话，就可以储存大量的养分，让植株长得更大，花开得更多、更好。

每年开多次花的四季开花型月季，生长期每天需要 3 小时的阳光；每年开一次花的一季开花型藤本株型月季，在有一定日照的半阴处也可以生长。

月季枝条伸展到日照好的地方越多，开花越好，因此要好好选择种植的场地。

即使是屋子的北面，如果空间比较开阔，在春分到秋分之间也能有几个小时的日照时间，可以种植比较皮实的品种。冬季即使没有日照也不会影响月季生长。

月季易受温度的影响，有些地区 8 月份比热带还要热，耐热性差的品种就会停止生长。所以在这些地区要选择耐热性好的品种，耐热性较弱的品种则需要通过加强通风或是遮阳来改善环境条件。

另外，月季在零下 15 摄氏度以下容易冻死，要做好必要的防寒措施。

即使是不向阳的半阴处也可以生长。

Q8：去哪里买花苗？

A：推荐去值得信赖的月季专卖店购买。

月季苗在线下园艺店、网店等地方都可以买到。特别要注意的是，在购买月季苗时，越是专营的店铺，越能提供专业的指导。

在实体店购买花苗的最大优势是可以看到苗木的状态，网购的优势则在于苗木品种多，方便找到想要的品种。

无论在哪里购买，都要挑选信用好的店家。

在园艺实体店购买的时候，可以直接看到苗木的状态，也可以面对面地向店员提出各种问题。

圆顶型
枝条顶端细密分枝，花多而密。

开张型
纵向枝条伸展，顶端扩张的类型，花朵下垂开放。

Q9：可藤可灌株型是一种什么样的株型？

A：是介于藤本株型和直立株型之间的株型，也有书中译作"灌木株型"。

可藤可灌株型是介于直立株型和藤本株型之间的中间形态，根据品种不同，有偏向直立株型的，也有偏向藤本株型的。偏藤本株型的种类可以作为藤本株型月季栽培，多数是枝条伸展到一定程度后才会开花。

难以断定是藤本还是灌木的可藤可灌株型，有枝条顶端细密分枝、形成圆顶状开花的圆顶型，也有枝条伸展、下垂开花的开张型。

Q10：请说说月季果实的欣赏方法。

A：除了直接观赏，还可以做成花环。

月季的果实从春季到秋季慢慢成熟，根据品种不同，有红色、橘色、黑色等不同颜色，形状也有细长形的、球形的等，颜色、形状、大小均有变化，观察比较他们的区别也很有意思。

成熟后的月季果实，除了可以作为秋季庭院的点缀用于欣赏之外，还可以用于制作花环和花束。果实干燥后会形成皱纹，但颜色和形状不会发生变化，特别适合用作干花。另外，我们所熟知的可用于泡茶或食用的"玫瑰果"，实际上是指月季的野生种——犬蔷薇（狗蔷薇）的果实。"玫瑰果"味道偏酸，维生素C含量丰富，也可用于制作果酱。

此外，有很多品种不容易结果或是完全不结果，如果想要观果，可以在园艺店问清楚或上网查询确认一下。

月季在开花后会结果实，但是在花期或花后摘除残花（136页）就不会结果实，想观果的话，要保留一些花。

果实除了可以观赏，还可以用于制作花环和泡茶。

目录

第 1 章

打造月季庭院

以月季为中心的庭院，远远眺望就让人心旷神怡。
在这里列举 7 个月季庭院的实际案例，为大家提供参考。

在月季小屋里惬意休息的『迎宾花园』—— 清水家

有条纹的个性月季
草莓粉色和象牙白色交织的条纹非常美丽。花虽然不大，但开花量大，在庭院里也可以造就个性化的风情。

\ 要点 /

· 入口附近没有遮挡物，开放式的庭院。
· 花架上爬满月季，打造出房间般的空间。
· 组合搭配和月季同一时期开放的草花，色彩更加丰富。
· 在温暖地区，月季的开花时间是 5 月份左右。

花架上攀爬着月季
形成小屋般的空间

"非常有开放感，让人想走进去吧？"居住在东京都内的清水夫妇这样说。

清水家的庭院入口对着道路，没有遮挡物，是一个很开放的设计。庭院中间特意建造了一座凉亭，凉亭上攀爬的'弗朗索瓦·朱朗维尔'月季一旦开花，就会形成月季小屋般的景观。这是清水夫妇的创意，"想用月季把周围完全包围起来，好像小屋一样"。庭院造好以后，家人、朋友、附近的邻居，都可以来此小憩。

清水家的庭院有着温暖的氛围，以'蓝色阴雨''羽衣''格雷厄姆·托马斯（格拉汉姆·托马斯）'等浅色调的月季居多，搭配和月季同一时期开花的宿根草本植物，将月季衬托得更加醒目。另外，在庭院中种植的月季旁边，搭配毛地黄、飞燕草等高挑的植物，形成高度上的变化，让空间更加立体，也值得我们参考。

凉亭

治愈的空间，月季小屋
被‘弗朗索瓦·朱朗维尔’月季和‘灰色星期三（圣灰星期三）’月季覆盖的凉亭，形成小屋一样的治愈空间。

紫色的渐变
植株脚下的南非万寿菊、深紫色鼠尾草，将淡紫色的‘蓝色阴雨’月季衬托得更加迷人。

可以享受颜色变化的古典风格藤本株型月季
‘白色龙沙宝石’是大型花的白色藤本株型月季，在开花过程中，花色逐渐从淡粉色变为白色，颜色的变化很有观赏性。

黄色与粉色月季的甜美合奏

温暖的黄色'格雷厄姆·托马斯'月季和粉色的'西班牙美女'月季组合栽培，两种月季都有着古典的香气，仿佛一场芳香的盛宴。

清水家的迎宾月季

红色的'塞内加尔'月季装点着玄关的大门，大马士革蔷薇系的香气让到访者心旷神怡。据主人说，虽然它遭受了虫害，但还是坚强地生存了下来。

色调沉稳却又给人深刻印象的月季

带条纹的'紫色飞溅'月季，是清水太太格外喜欢的月季，光亮的叶子和花色彼此映衬，非常醒目。

玄关前华美的花架和道路

花架上攀爬的有淡粉色的'羽衣'月季、深粉色的'卢森堡公主西比拉'月季，脚下则是淡粉色、小型花的'粉红诺伊赛特（粉红努塞特）'月季及粉色和杏色交织的'遥远的鼓声'月季。从白色到深粉色的各种月季，实现了花色的浓淡变化，让景色华美绚丽。

淡色调的月季组合
营造出立体的空间

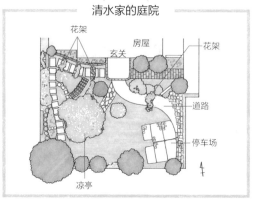

清水家的庭院

花架　房屋　花架
玄关
道路
停车场
凉亭

管理的要点

凉亭的打理
'弗朗索瓦·朱朗维尔'月季长势特别旺盛，好像要覆盖住整个凉亭一样伸展枝条。"冬季修剪的时候要爬上凉亭修剪枝条"。清水说："冬季要进行大胆的修剪处理。"

月季和宿根草本植物搭配，形成和风风格
'梦乙女'月季和金脉忍冬、'茉莉亚·克莱本太太'铁线莲组合搭配，打造出沉静的和风风格。

纵向伸展的毛地黄
凉亭上的'翡翠岛'月季和'罗马卫城'月季的脚下，搭配了纵向伸展的毛地黄。形状不一样的花组合在一起，成为庭院里的亮点。

凉亭

大门

凉亭

在当地深受好评的『社区花园』

200 多种月季欢迎着人们，

——石冢家

让通过的行人都驻足的白色
藤本株型月季

可以说是石冢家象征的'藤本
冰山（藤冰山）'月季。"又好看、
又强健，不太需要打理，所以
我很喜欢"，石冢太太说。

装点在凉亭上的白色月季

在被'鲍比·詹姆斯'月季覆
盖的凉亭里，一边眺望庭院，
一边享受午餐和茶点。

＼ 要点 ／

· 为了融入所在街区的景观而建造的外花坛。
· 将品系丰富的 200 余种月季紧凑地种植，不浪费空间。
· 用香草和宿根草本植物与月季组合搭配。
· 在温暖地区，月季的开花时间是 5 月份左右。

不仅向院内
也向院外开放的月季

大量盛开的美丽月季花，让行人不由自主地驻足观赏。外花坛里的'黎塞留主教'
月季和'红色龙沙宝石'月季，以及从围墙内满溢而出的'藤本冰山'月季等白色系藤
本株型月季，令人叹为观止。

"一到春天，附近的人都开始兴奋起来，说着就要盛开了呀这样的话。建造引人注
目的外花坛是需要勇气的，但很高兴能让大家一起欣赏，我们得到了很多的表扬和鼓
励。"石冢家的主庭院里，满满当当地种植了 200 多种月季，外花坛是为了不影响所在
街区的景观而建造的。现在这里成了小学生们的聚集地，以及所在街区的邻居们聊天、
休息的好地点。

"不仅仅是对内的花园，也是对外的社区花园了。这是很有意义的。"

廊架

装点花架的月季

粉色的'弗朗索瓦·朱朗维尔'月季和白色的'夏雪'月季攀缘在廊架上，白色小型花的'阿尔巴·梅蒂兰'
月季一直延伸到通道上，雅致又清新。脚下的直线型叶子的苔草成为观赏的焦点。

内外色彩
统一的月季

宿根花卉和香草搭配

和月季搭配的草花有耐阴的宿根花卉玉簪等
和香草植物柠檬马鞭草等。月季花期结束后，
宿根花卉正好接着开花。

外花坛

东南角的外花坛

在外花坛里种植了丛生型大柄冬青作为主
景树，白色的'爆米花'月季、紫红色的
'红色龙沙宝石'月季和粉色的'莎莱特'
月季装点其间。照片左边的围墙上盛开的
是野生种穆里根蔷薇（*Rosa mulliganii*）。

园艺小屋

白色月季装饰了园艺小屋

右上：装饰在园艺小屋窗旁
的'德国白'月季。
左上：园艺小屋墙壁上攀缘
的是粉色的'安吉拉'月季。
左下：从园艺小屋里可以看
到美丽的庭院。

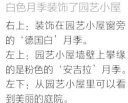

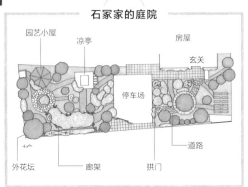

GARDEN

石冢家的庭院

园艺小屋　凉亭　房屋

玄关

停车场

外花坛　廊架　拱门　道路

玄关旁边

色彩的统一感

玄关旁边的花坛里种植了紫色的'永恒蓝/Perennial Blue'月季，白色的'冰山'月季，红色的'美雪夫人'月季和粉色的'奥克塔维亚·希尔'月季、'达梅思/舍农索城堡的女人们'月季等可藤可灌株型月季，各个区域的色彩统一。拱门上是带有橘色花边的'皇家日落'月季和鲜艳夺目的红色'藤本萨拉班德'月季。

管理的要点

通风好的庭院

"因为月季的数量很多，所以没有时间在院子里休息，要一直打理。"主人这样说着的这个庭院，通风良好，管理得当，所以月季不容易生病。另外，主人特别喜欢月季，大概是因为得到了特别精心的养护，所以月季都生长得很健康。

拱门

把主拱门装饰得华美多姿

通往玄关的道路上是粉色的'羽衣'月季、深粉色的'盖伊·萨伏瓦'月季和紫色的'三轮车'铁线莲组合而成的拱门。'盖伊·萨伏瓦'月季是石冢太太特别喜欢的品种之一。

9

道路

一直在进化的、无止境的月季世界 ● 中岛家

路边花坛

入口处，藤本的'鸡尾酒'月季盛开的拱门迎接着来访的客人，穿过拱门，设置在假墙下的路边花坛映入眼帘。墙面上攀爬着红色的'瓦尔特大叔'月季。

＼ 要点 ／

· 月季和宿根草本植物组合而成的路边花坛。
· 假墙、小屋等构筑物和月季的融合。
· 每年都会在不同的区域进行改造，不断进化的庭院。
· 在温暖地区，月季的开花时间是 5 月份左右。

一点一点地改造
进化不止的庭院

　　穿过开放着可爱的'鸡尾酒'月季的拱门，就迎来了种植着'梦乙女'、'蓝色狂想曲'、'瓦尔特大叔'等月季的路边花坛。穿过这条小路，才能看到从外面看不见的秘密花园。

　　这座以月季为中心的庭院，是房屋改造后的第五年才建成的。在此之前，这里是一座以茶花和盆栽为中心的和风庭院。"原来院子里只有一株月季，因为它既漂亮又好闻，我很喜欢，所以开始了以月季为中心的庭院改造。现在考虑到颜色搭配以及庭院整体的平衡，正在一点点地进行改造。每年都会在不同的区域进行一点点改造，所以这是一座永远都不会完成的庭院"，中岛夫妇笑着说。前一年做的假墙和小屋、栅栏等构筑物，都是精心思考过的，才造就出这个精彩的空间。所以，它不是一座"未完成"的庭院，而是一座"进化不止"的庭院。

主庭院

来访者络绎不绝

中岛夫妇说："边欣赏着庭院的风景边喝茶是最幸福的时刻了。"春天开放庭院时有很多人来访，还有很多是多次前来的。庭院中鲑鱼粉色的'亚美利加'月季、杏色的'芳香杏色'月季等，伴随着美妙的音乐，迎接着宾客的到来。

精心规划构筑物的颜色搭配

以颜色沉稳的构筑物为背景，种植了艳粉色的'卢波'月季。从大型构筑物到小物件都是主人亲手制作的。

工作小屋

花坛

工作小屋的内部

庭院南侧的工作小屋里，放置着很多小物件。这里是中岛太太的工作间，另外还划分出了中岛先生做木工活和放置园艺工具的空间。

主庭院

道路边

构筑物和月季搭配和谐

自然的小木屋和月季搭配得和谐、美观。中岛太太说："小屋是衬托月季花的背景。"小屋上白色的'温彻斯特大教堂'月季、淡紫色的'紫晶巴比伦'月季，以及牵引到铁艺塔形花架上的'格特鲁德·杰基尔'月季，成为院子的焦点。

月季花期过后
以宿根花卉盛开为主题的庭院

花架

花型不同的花组合起来

在假墙前有红色的'瓦尔特大叔'月季、白色的'向阳'铁线莲和紫色的'蓝色狂想曲'月季，颜色和花型各异的花组合在一起，相映生辉。

浓淡花色的搭配让空间延伸

花架上攀爬的是紫红色的'红色龙沙宝石'月季和淡粉色的'龙沙宝石'月季，花色的浓淡搭配让空间更开阔。

盆栽的'达芙妮'月季

将最喜欢的'达芙妮'月季种植在花盆里。淡粉色的波浪状花瓣，给人以优雅的印象。

管理的要点

自动浇水系统

在庭院打理时，浇水是一项既费事又费时的工作。为了消除这种麻烦，主人在院子里和花盆里设置了可以自动浇水的"自动灌溉系统"。这样外出旅行时也可以自动浇水。

道路边

形状和大小富有变化

墙面上攀缘着红色的'瓦尔特大叔'月季和小型花的'梦乙女'月季，下方是宿根花卉白及，再下一层是作为地被植物的野草莓。根据高度的不同，花的大小和叶子的形状也不同，组合起来给人富有变化的印象。

栅栏

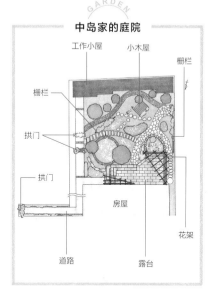

中岛家的庭院

工作小屋　小木屋
栅栏
栅栏
拱门
拱门
房屋
花架
道路　露台

开花期错开的月季和宿根草本植物

"春天盛开的一波月季花期过后，希望继续有花开放，就搭配了花期较晚的宿根草本植物。"中岛家的庭院正在变成宿根草本植物和月季的花园。以佛甲草作为地被植物，加上钓钟柳、花葱等宿根草本植物，再搭配粉色的'安吉拉'月季，相得益彰。

环绕木露台的五颜六色的藤本株型月季 —— 越智家

玄关

爬满墙壁的'藤本冰山'月季

玄关旁边的墙壁上攀爬着一株'藤本冰山'月季，自 2017 年种下以来，这棵月季每年都会开出大量的花朵。这也是主人在月季栽培入门时特别喜爱的一个品种。'藤本冰山'月季的脚下是'安娜贝拉'绣球。

╲ 要点 ╱

· 把花期不同的月季组合起来，可以长期欣赏到美丽的花。
· 为了与月季亲密接触，特意将小路打造得很窄。
· 将杂草作为一道风景保留下来，造就自然风格的庭院。
· 在温暖地区，月季的开花时间是 5 月份左右。

花与人的亲密接触的空间
仿佛被月季包围的第二间起居室

这是一座被白色栅栏环绕，由小路和木露台构成的庭院。园中的小路特意铺设得很狭窄，月季开放时，仿佛从两旁簇拥过来一样，显得格外浪漫。这里种植的大部分是藤本株型月季，牵引到墙面和凉亭上之后，有效地利用了纵向的空间。

"木露台仿佛是第二间起居室，让人想在这里尽量多待一会儿。休息的时候，看到头顶的凉亭上花瓣飘然洒落，心绪也会宁静下来。"木露台上的凉亭上种植的'繁荣'月季，制造了浓密的绿荫。这里是一个可以眺望整个庭院的静谧空间。

木露台的一部分和小路的边上有着白色的板壁和小窗户，环绕着小窗开放的是主人心爱的'格雷厄姆·托马斯'月季和野蔷薇，比它们花期略早的'花旗藤'月季，为空间增添了色彩。

白色栅栏和月季

粉色的'莫扎特'月季和紫红色的'休姆主教'月季装点着白色的栅栏。

木露台

木露台仿佛是第二间起居室

"只要有一点时间就会出来走到木露台上,享受花和绿的空间"。'繁荣'月季的花枝从凉亭上垂下来,花瓣飘舞到桌子上。

享受月季做的装饰

月季切花做成的装饰插花,带给人们生机勃勃的感觉。桌子上用到的月季有黄色的'格雷厄姆·托马斯'月季、白色的'索伯依'月季和杏色的'利安德尔'月季。

窗旁的'利安德尔'月季

木露台上挖空的地方放置了盆栽,杏色的'利安德尔'月季在窗旁美丽绽放。

进行开花期的搭配
让月季花开不断

越智家的庭院

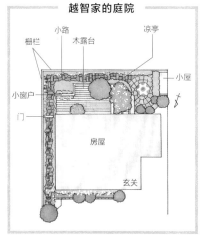

小路
栅栏　木露台　凉亭
小屋
小窗户
门
房屋
玄关

享受月季的颜色和香气

右上：东侧的栅栏上开放的'休姆主教'月季，深色的花瓣、长久的花期，是其魅力所在。

左上：黄色的'格雷厄姆·托马斯'月季，花的颜色、大小、香气都恰到好处。

右下：杏色的'甜蜜朱丽叶'月季，香气馥郁，颜色也讨喜。

小窗户

木露台

从里面看的小窗户

从木露台内看出去的小窗户，这一边牵引着'格雷厄姆·托马斯'月季，形成如画的风景。

被月季包围的木露台的小窗户

木露台的板壁上装着小窗户，从通道上看过去，窗户好像被牵引上去的月季包围了。小窗边有黄色的'格雷厄姆·托马斯'月季、白色的野蔷薇、粉色的'花旗藤'月季，月季的下面簇拥着'安娜贝拉'绣球。

从木露台上眺望

牵引到凉亭上的'繁荣'月季和加拿大唐棣营
造出一片绿荫,这是一个可以把庭院一览无余
的舒适空间。在这里招待朋友,人和宠物在花
下共享欢乐时光。

管理的要点

修剪后让枝条下垂

修剪、牵引之后,将几根枝条放到下面,这样形
成自然的下垂,月季开花的时候就可以更具自然
的氛围。

和月季亲密接触的小路

故意将小路设置得很狭窄,走在上面,好像被花朵簇拥
着一般。小路旁边的白色栅栏上月季满满开放。栅栏右
边是白色的'群星'月季,左边是杏黄色的'甜蜜朱丽
叶'月季,下方除了专门种植的地被植物外,还故意保
留了一些杂草,显得更加自然。

17

無需特殊打理、朴实无华的自然派庭院 ●吉村家

玄关

粉色的月季让空间更美丽

玄关前的拱门上牵引着粉色的'多萝西·帕金斯'月季，美丽的花枝垂落下来。在半阴处设置拱门，利用高度获得了光照，使这里成为月季的赏花佳处。

\ 要点 /

· 不需要特别的打理，只欣赏存活下来的、适合在这个庭院里生长的品种。
· 绝对不勉强，在自己的能力范围内操作。
· 把培育的草花与园艺爱好者交换欣赏。
· 在温暖地区，月季的开花时间是 5 月份左右。

在自己的能力范围内管理
每年不断变化的庭院

吉村太太大约是 20 年前开始栽培月季。这个庭院每年都在一点点地变化，逐渐成了月季和草花共同演绎着的花园。

"每天在园子里除草也很开心，并不特别去想开花的事情，反而很期待月季结出果实。"家里的月季随着年月增长，植株越来越充实，花也越来越多了。

"会拔掉杂草，其他的植物不会特意去修整，会手工捉蚜虫，但是不会打药。所以有的品种不行了就放弃掉，只留下适应的品种。"装点庭院的草花，是和朋友们之间交换得来的，其中玛格丽特花是很早以前种植的，已经持续开放了很多年。

不勉强，欣赏本来面目的自然派庭院，这里也是月季和草花一起演绎的生机勃勃的空间。

道路

穿过月季的拱门到达玄关
通往玄关的道路上有用草花和月季装饰的拱门，非常华丽。在拱门上开放着白色的'白花巴比埃'月季和粉色的'多萝西·帕金斯'月季。道路呈曲线形，可以让视线产生丰富的变化。

粉色的小型花
小型花的'梦乙女'月季成簇开放，如同粉色的挂毯般覆盖住墙面，吸引着过往行人的目光。

19

在向上牵引的月季脚下点缀草花

草花和月季的组合

窗旁的廊架上牵引了杏黄色的'暮色'月季，装点着纵向的空间，下面是玛格丽特花等草本植物。这里是吉村太太最喜欢的风景。

月季拱门和飞燕草

女儿夫妇的房子的玄关前，种植着飞燕草和被牵引到拱门上的'阿利斯特·斯特拉·格雷'月季，飞燕草和月季组合，演绎出清爽的夏日风景。

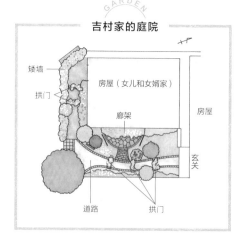

吉村家的庭院

矮墙
拱门
房屋（女儿和女婿家）
廊架
房屋
玄关
道路
拱门

管理的要点

以除草为乐事
"除草的时候很快乐。"这个庭院因为主人每天都辛勤地除草，基本上看不到杂草的影子。在踏实的工作中寻找快乐也是园艺的诀窍。

月季的大小型花组合
矮墙上开放着小型花的粉色'梦乙女'月季和中型花的浅黄色'赛琳·弗莱斯蒂'月季，花的数量和大小不同，相互映衬，营造出华美的氛围。

道路

花之回廊
从女儿夫妇的玄关看到的风景，左边是飞燕草集群开放，右侧是从矮墙上满溢而出的粉色'梦乙女'月季，打造出花之回廊般的美景，正面可以看到白色的'白花巴比埃'月季。

矮墙

月季与大自然共存的咖啡店和庭院 ── 日暮家

主庭院

\ 要点 /

· 自然生长的树木和宿根草本植物、地被等形成富有野趣的月季庭院。
· 彩叶植物和月季的搭配趣味盎然。
· 因为地处寒冷地区，选择了耐寒性佳、容易栽培的月季。
· 开花时间是 6 月前后。

庭院全景

白色和粉色的彩叶植物以及以绿色为主的背景里加上粉色'安吉拉'月季等。作为房屋背景的树木充满自然的气息。

充满自然味道的植物和月季的竞演

　　日暮女士在八岳山下经营咖啡馆，她的庭院是一个充满自然气息的树木和彩叶植物、野生的宿根草本植物和地被植物等，与月季竞相演出的庭院。

　　这里最初是作为自己家的庭院，主要欣赏树木和宿根草本植物。在咖啡店开始营业的时候，种上更加吸引眼球的、华丽的月季花。"这一带气温比较低，我选择了耐寒、不太需要打理、不用药剂也能开花、连修剪都不需要的月季品种。要说在庭院里的乐趣，当然是做完园艺工作后喝一杯茶了！"

　　日暮女士特别喜欢彩叶植物，紫叶黄栌和'安吉拉'月季的不同色调的红色组合在一起，可以作为配色的参考。除了彩叶植物之外，还有春天的樱花和堇菜，夏天的美国薄荷和蜀葵，秋天的秋芍药，冬天的野蔷薇的红果等，和月季一起的各种植物的色彩，随着季节的变化而不断改变着庭院的风景。

道路

华丽的道路

从房屋看出去的道路上，有牵引着'波尼'月季的繁花盛开的拱门，拱门脚下是低矮的粉花绣线菊等灌木和小草花，在绿色为主体的环境中，粉色系的搭配，使空间显得非常华丽。

以宿根草本植物为基础加入月季

拱门

停车场

花瓣和玉簪

玉簪属于宿根草本植物，每年春天冒出新芽，为庭院里带来绿色，掉落的'安吉拉'月季的花瓣与玉簪的叶子搭配起来，美不胜收。

引导到入口处的拱门

拱门上牵引了'保罗的喜马拉雅麝香'月季，成为庭院和房屋的入口，深色的'绝代佳人'月季成为视线焦点。通向房屋的台阶描绘出曲线，随着行走，视线也会变化。

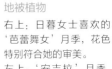
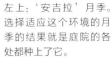
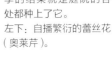

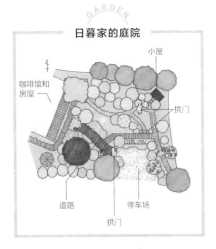

日暮家的庭院

小屋

咖啡馆和房屋

拱门

道路　停车场

拱门

强健的藤本株型月季和地被植物

右上：日暮女士喜欢的'芭蕾舞女'月季，花色特别符合她的审美。

左上：'安吉拉'月季。选择适应这个环境的月季的结果就是庭院的各处都种上了它。

左下：自播繁衍的蕾丝花（奥莱芹）。

基本上不打理

被月季和其他植物填满的庭院，都是选择成形的大苗种植的，基本上不需要打理。"但是树木也快要成形了，我想好好修剪一下"，日暮女士说。

色调不同的红色

粉色的'安吉拉'月季和紫红色的紫叶黄栌，色调不同的红色的组合成为视线焦点。

百花缭乱

百日草、角堇等五颜六色的草花竞相开放。前面红色的是主人喜欢的'绝代佳人'月季，里面深粉色的是'西斯塔'月季，淡粉色的是'可爱仙女'月季。除此之外，还有彩叶植物——白色的花叶复叶槭和紫红色的紫叶黄栌。

在看得到富士山的庭院里，
月季与宿根草本植物争奇斗艳

——冢原家

把月季衬托得更美的
宿根草本植物和小路的有效使用方法

有数个分叉的蜿蜒小路边，繁花盛开，仿佛花的迷宫一般。山中湖附近的冢原家的庭院，是一座由月季和宿根草本植物组成的庭院。七连的拱门、红砖的小路、可以看到富士山的长椅等，庭院里到处创意满满。但是在这座庭院成型前，据说死掉的月季已经不计其数。

因为所在地比较寒冷，所以刚建成庭院的时候种植月季很困难，死掉了很多。现在改为种植古典月季、英国月季、藤本株型月季、丰花月季等比较皮实的品种，最近三年，开花状态慢慢地好起来了。

为了衬托这些月季，主人又种植了很多宿根草本植物，庭院整体也选用了很多彩叶植物和地被植物，这样在月季花期之外也能缤纷多彩，观赏价值满满，可谓一箭双雕。

\ 要点 /

· 创意满满的庭院设计。
· 种植适合寒冷地区的月季。
· 月季和宿根草本植物组合搭配。
· 开花时间是 6 月前后。

烘托月季的宿根草本植物

右：蓝色的老鹳草，成为庭院的亮点。
下：玉簪种在树荫下等半阴的环境中，右侧是筒花木藜芦（岩南天）和藤绣球下垂的枝条。

鲜红的月季

令人眼前一亮的'德伯家的苔丝'月季，是庭院的焦点所在。

从露台眺望的全景

宿根草本植物和月季包围的庭院，白色和蓝色系的宿根草本植物，搭配白色和粉色系的月季，好像一座秘密庭院。晴朗时可以清楚地看到富士山。

装点上美丽的灯具

夏日小屋下装点的古董灯具让周围的'吉莱纳·德·费利贡德'月季变得更美丽。

凉亭

柔美的花色覆盖着凉亭

凉亭上开满了'保罗的喜马拉雅麝香'月季，背景是紫红色叶子的紫叶黄栌，色彩丰富。长椅后方种植了'安娜贝拉'绣球，在月季的花期过后开放，非常壮观。凉亭前方的空间里枕木呈放射状铺排，形成视线的焦点。

月季和宿根草本植物组合营造出高低差

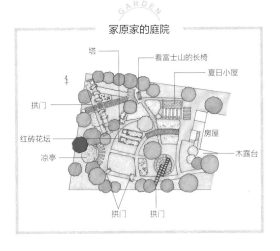

家原家的庭院

塔　看富士山的长椅　夏日小屋

拱门

红砖花坛　房屋

凉亭　木露台

拱门　拆门

月季和宿根草本植物的组合

从凉亭下的椅子上看出去的景色。红色的'德伯家的苔丝'月季、粉色的'莫蒂默·赛克勒'月季和'哈洛卡尔'月季的脚下，是宿根草本植物柔毛羽衣草和夏枯草的组合。

拱门

可爱的拱门

七连拱中的一个。粉色的'卡斯特桥市长'月季和紫色'薇安'铁线莲的二重唱，打造出甜美可爱的拱门。下方高高的草丛掩饰了拱门与地面之间的边界。

塔

利用高低差来欣赏月季

塔的一角是开花过程中花色会变化的'双色宝藏／Treasure Trove'月季。下面是'粉色格罗藤'月季和毛地黄，起到了画龙点睛的效果。

主庭院

个性不强的草花
衬托出月季之美

改变植物的高度，形成纵深感
生了绿苔的红砖花坛中，粉色的'詹姆斯·高威'月季、'自由精神'月季，红色的'德伯家的苔丝'月季等英国月季竞相开放。从前方开始，植株慢慢变高，形成了纵深感。

花色和花型的
绝妙组合
白色的'波莱罗'月季搭配蓝色的老鹳草，不同花色、花型的组合，营造出宁静的美。

木露台上的野蔷薇
白色野蔷薇与盆栽的淡橘色的'西方大地'月季的对比非常美丽。野蔷薇是没有刺的类型，大概是从某种月季的砧木上长出来的。

用吸尘器清理落叶

大面积的庭院里的清扫工作很辛苦，为减轻工作
量，在收集落叶的时候，可以用户外吸尘器。

主庭院

彩叶植物与月季

最里面是黄色叶子的复叶槭，小路旁边的是白绿相间的
花叶羊角芹，紫色叶子的日本小檗在一片绿色中制造出
变化。前方深紫红色的是'纪念芭芭拉'月季，中间红
色的是'永恒波浪'月季。

夏日小屋的白色庭院

'温彻斯特大教堂''哈迪夫人'等白色的月季和下方的
白色蕾丝花等铺陈出来的白色庭院。蓝色系的老鹳草和
飞燕草形成视觉焦点。

夏日小屋

在庭院里欣赏月季的要诀

不同颜色、形状的月季，与草花组合搭配，形成各种不同的美妙风景。

组合不同的开花期，打造浪漫的月季庭院

一株月季就可以改变一座庭院的印象，作为气场很强的花，在组合时也有很多窍门。

首先，因为月季喜欢光照好的地方，应该把庭院中心等光照好的地方留给它。如果种植若干棵月季，选择开花期相同的品种可以开出豪华的效果，而错开开花期则可以长时间观赏。

月季和草花组合的基本原则是，不要在月季上形成阴影，保持距离很重要。月季和草花混合种植时，还需要注意打农药要到位，不要遗漏。

所以，尽量选用不容易落叶的藤本株型月季品种，以及抗病性强的 ADR 认证品种（58 页）等。

要想活用花期较长的一年生植物，个子高、富有季节感的宿根草本植物和彩叶植物，首先要把它们分别种植在适宜的地方。在此基础上再考虑颜色的组合，这样就不容易失败。

组合不同颜色，造就缤纷庭院

打造月季庭院时，颜色的组合很重要，月季彼此之间、月季和其他的花卉之间组合起来可以表现出丰富的庭院色彩。

花色可以用颜色的种类（色相）、颜色的亮度（明度）、颜色的鲜艳度（彩度）来表现，颜色的种类以红、黄、绿、蓝 4 种为基础，它们之间有中间色，这些颜色连续起来就是色相环。在色相环上相邻的颜色种类组合起来比较和谐，而相对的颜色组合起来会表现出强烈的对比。

以颜色的种类为基础，再加上颜色的明度和彩度来进行组合。白色、灰色、黑色是独特的颜色（无彩色）。

颜色的种类

类似色
色相环上邻近的颜色之间的组合。紫红色的'红色龙沙宝石'月季和紫色的'紫云'铁线莲。

对比色
色相环相反方向的颜色组合，左图上的是'紫晶巴比伦'月季，紫色的花和绿色的叶子形成鲜明的对比。

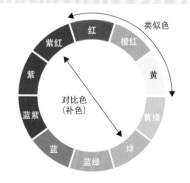

色相环
以红、黄、绿、蓝 4 色为基础，各个基础色之间有中间色，在此基础上加上紫色，从而形成的连续的环，叫做"色相环"。

大小型花的组合

小型花、中型花
小型花的粉色'梦乙女'月季和中型花的浅黄色'赛琳·弗莱斯蒂'月季的组合。以精致的小型花为基础，中型花是焦点。

小型花、中型花
粉色的'安吉拉'月季和白色的半重瓣白蔷薇的组合。半重瓣白蔷薇稍大的白色花与带有蓝色的叶子衬托得'安吉拉'月季的花朵更加鲜艳。

大型花、大型花
黄色的'格雷厄姆·托马斯'月季和粉色的'西班牙美女'月季的组合。他们的花都是大型花，很醒目，但是花色都比较柔和，可以自然地搭配起来。

小型花、中型花
中型花的紫红色'休姆主教'月季和小型花的粉色'芭蕾舞女'月季之间的组合。淡色调、成簇开花的'芭蕾舞女'月季衬托出花稍大、颜色稍浓一点的'休姆主教'月季。

同色系和无彩色的组合

粉色·粉色

淡粉色的'羽衣'月季和深粉色的'卢森堡公主西比拉'月季，形成同色系的深浅渐变。

红色·粉色

红色的'布罗德男爵'月季和粉色的'爱情魔药'月季组合。淡粉色衬托了深红色。

白色·黄色

以成簇开放的白色野蔷薇为背景，黄色的'格雷厄姆·托马斯'月季显得更加娇艳。白色和任何颜色搭配都合适。

杏色·粉色

米色、杏色混合的'翡翠岛'月季和杏粉色的'罗马卫城'月季的组合。二者的花色都富于变化，形成复杂的色调。

白色·黄色

白色的'温彻斯特大教堂'月季和淡黄色的'金边'月季的组合。白色和接近白色的黄色形成清新的画面。都是多头花，给人丰满的感觉。

红色·紫色

鲑鱼粉中带有朱红色的'亚美利加'月季和淡紫色的'紫晶巴比伦'月季的组合。虽然两个品种的颜色都极富个性，但是因为两个颜色的深度接近，所以组合起来很协调、漂亮。

粉色·红色

淡粉色的'达梅思／舍农索城堡的女人们'月季和红艳艳的'美雪夫人'月季的组合。淡粉色中加入强烈的大红色，非常吸睛。

粉色·紫色

淡粉色的'罗马卫城'月季和淡紫色渐变的'蓝色梦想'月季的组合。因为两者都是接近白色的颜色，所以会自然地形成渐变。

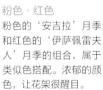

粉色·红色

粉色的'安吉拉'月季和红色的'伊萨佩雷夫人'月季的组合，属于类似色搭配。浓郁的颜色，让花架很醒目。

白色·红色

白色的'冰山'月季、'夏雪'月季与大红色的'黑火山'月季的组合。有了白色月季的衬托，更加凸显出红色月季的艳丽。

玛格丽特花（木茼蒿）
‘暮色’月季和玛格丽特花的组合。藤本株型月季不需要考虑草花的高度，可自由组合。

铁线莲
淡紫色的铁线莲和粉色的‘五月皇后’月季的组合。不一样的花型和淡雅花色的搭配，制造出渐变的美感。铁线莲在夏季的新枝上开花。因为铁线莲和月季的花期接近，要空开足够的距离种植。

矾根
淡紫色的‘蓝色梦想’月季和同色系的紫叶矾根的组合。在一片绿色叶子里，紫叶矾根显得独树一帜。此外，矾根可爱的小花将月季衬托得更加自然，并为日照不足的月季脚下平添了亮彩。

蕾丝花
深粉色的‘卢森堡公主西比拉’月季和蕾丝花的组合。蕾丝花充满清凉感的白色小花聚集开放，将月季的深郁花色衬托得更加显眼。

矮牵牛
盆栽的粉色矮牵牛和深紫色的‘紫玉’月季的组合，属于类似色的搭配。月季脚下容易显得很暗，粉色的矮牵牛让这个空间变得华美怡人。

铁线莲

紫色的'蓝色狂想曲'月季和白色的'向阳'铁
线莲的组合。花瓣尖端呈锐角形的铁线莲和月季
的形状对比，给人以深刻的印象。

鸢尾

粉色边缘的'罗马卫城'月季和鸢尾的组合。装点水岸的
深蓝色鸢尾花聚焦了有月季的风景。

毛地黄

'翡翠岛'月季和高个子的毛地黄的组合。毛地黄平
时叶子都在下部，花期才能在月季上形成影子。它
的花和月季花相映成趣，是和月季特别配的植物。

铁线莲·金脉忍冬

小型花的'梦乙女'月季、金黄色叶子的金脉忍冬以及'茉
莉亚·克莱本太太'铁线莲的组合。每种叶子的颜色、大小，
花的形状都不一样，给人自然的丰富感。三种植物都是大体
形，要注意经常修剪金脉忍冬，控制长势。

樱桃鼠尾草

白色的'白色黎明'
月季和白红相间的
樱桃鼠尾草的组合。
以白色为基础的组
合，花朵大小不同的
植物中，这一点红
成为焦点。

叶子的光泽
有的叶子表面有好像蜡质一样的光泽，有的则没有。叶子的光泽是衬托花朵的一个重要因素，上方图为'红色阵雨'月季，左边图为'珍妮特'月季。

叶子的颜色
右边图为'克莱尔·奥斯汀'月季的叶子，淡淡的绿色，观感很柔美。左边是紫叶蔷薇，略带红色的灰色叶，成为庭院的焦点。

叶子的大小
根据叶子大小的不同，植株给人的感觉也会不同。右边是'芭蕾舞女'月季，左边是'小粉色苏格兰威士忌'月季。

红叶
落叶性的月季到秋天叶片会变成美丽的红色。上图是刺玫。

月季的叶子也值得关注

很多月季的叶子是由奇数枚的小叶子组成一片大叶子，又称羽状复叶。

小叶子有的细腻，有的粗糙，不同质感的叶子上面开花的感觉也不一样。不仅仅是粗细，叶片表面有没有光泽，是否带雾状的粉末，颜色是深绿还是浅绿等，这些不同都会影响开花的感觉。其中还有长着带红色的灰叶子的个性十足的品种。

即使是四季开花的月季，叶子也比花的存在时间长。花凋谢后，观赏不同品种的叶子也是一种乐趣。

在建造庭院的时候，请注意叶子的颜色、姿态和新芽的颜色。

叶子的着生方式
'芭蕾舞女'月季的叶子。小叶9枚，互生。

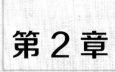

第2章

月季的种类与选择方法

下面介绍月季的基本知识和选择方法，进一步了解月季。
只要把握了月季的特征，就可以找到适合自己的月季品种。

月季的系统

现在世界上有 3 万多个月季品种，这些品种又可以归纳为若干系统。了解了月季所属的系统，就可以大概了解它们的特征。

野生种（原种）、古典月季、现代月季 3 大类别

现在已经登录的月季品种有 3 万多个，其颜色、形态、香气各不相同。这些月季从系统上可以大致分为野生种（原种）、古典月季、现代月季 3 大类别。

月季的野生种在北半球有 150~200 种。追溯每个月季品种的起源，最后都会回到某个野生种。这些野生种中，现在还作为观赏用栽培的，大概有十多种。

野生种的株型大多数都是可藤可灌株型或藤本株型，一季开花。没有古典月季和现代月季的华丽花朵，但是另有一种朴实之美。

主要月季的系统图

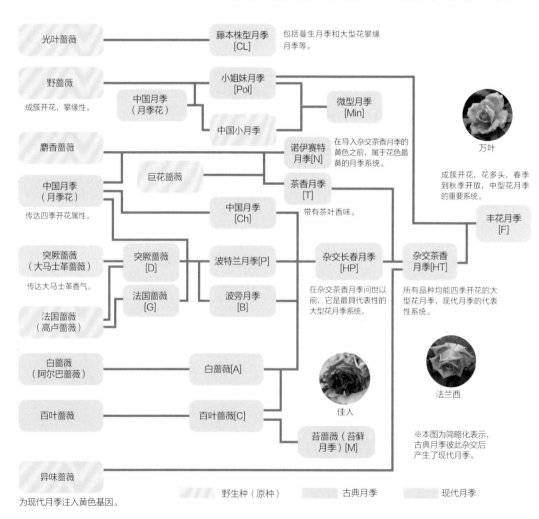

光叶蔷薇 —— 藤本株型月季 [CL]　包括蔓生月季和大型花攀缘月季等。

野蔷薇　成簇开花，攀缘性。

中国月季（月季花）

小姐妹月季 [Pol]

中国小月季

微型月季 [Min]

万叶　成簇开花，花多头，春季到秋季开放，中型花月季的重要系统。

麝香蔷薇

巨花蔷薇

中国月季（月季花）　传达四季开花属性。

诺伊赛特月季 [N]　在导入杂交茶香月季的黄色之前，属于花色最黄的月季系统。

茶香月季 [T]　带有茶叶香味。

中国月季 [Ch]

丰花月季 [F]

突厥蔷薇（大马士革蔷薇）　传达大马士革香气。

突厥蔷薇 [D]

波特兰月季 [P]

杂交长春月季 [HP]　在杂交茶香月季问世以前，它是最具代表性的大型花月季系统。

杂交茶香月季 [HT]　所有品种均能四季开花的大型花月季，现代月季的代表性系统。

法国蔷薇 [G]

波旁月季 [B]

法国蔷薇（高卢蔷薇）

白蔷薇（阿尔巴蔷薇）

白蔷薇 [A]

百叶蔷薇

百叶蔷薇 [C]

苔蔷薇（苔藓月季）[M]

佳人

法兰西

※本图为简略化表示，古典月季彼此杂交后产生了现代月季。

异味蔷薇　为现代月季注入黄色基因。

野生种（原种）　　古典月季　　现代月季

40

古典月季和现代月季

1867 年，第一个杂交茶香月季品种——'法兰西'问世，揭开了现代月季发展的序幕。一般来说，现在观赏用的月季，是以'法兰西'月季的诞生年代为分水岭来划分的。

古典月季是 1867 年以前就存在的月季。大部分古典月季都有攀缘性，一季开花居多。另外古典月季比野生种（原种）更有存在感，优雅而别致，而且有着现代月季没有的单纯的香气。

现代月季是 1867 年'法兰西'月季发表后培育的月季，多为不同种间杂交产生的园艺品种，四季开花的居多，包括大型花的杂交茶香月季，中型花、成簇开放的丰花月季，微型月季，小姐妹月季，可藤可灌株型月季等。

园艺上的系统可以依照苗木的标签等来确认，但是现实中也会根据品牌名或株型来分类，容易造成混乱，所以在本书目录部分是根据株型来进行大概分类。

分类系统中的主要月季的特征

现代月季	古典月季	野生种（原种）

杂交茶香月季[HT]
（存在）
由杂交长春月季和茶香月季杂交而成。完全四季开花，大型花，单头开花。

中国月季[Ch]
（月月粉）
18 世纪末到 19 世纪初，由中国传入欧洲的园艺品种，完全四季开花型月季的起源。

突厥蔷薇 [D]
（哈迪夫人）
具有强烈香味的系统，这种香味被称为大马士革香气。主要花色是白色至淡粉色。

异味蔷薇 [SP]
原产地为伊朗、伊拉克，为月季注入了黄色基因。

丰花月季[F]
（浪漫丽人）
由野蔷薇发展而来的小姐妹月季和杂交茶香月季杂交而成，中型花，成簇开放。

茶香月季[T]
（克莱门蒂娜·加布里埃尔）
以中国原产的巨花蔷薇为起源的系统，具有红茶的香气。

白蔷薇 [A]
（半重瓣白蔷薇）
拥有清爽的香气，主要开白花。

巨花蔷薇 [SP]
为月季带来了茶香气味。

灌木月季（可藤可灌月季)[S]
（卢波）
不属于其他系统的都归于此类，与典型的直立株型月季相比，株高更高，枝条更展开。

杂交长春月季[HP]
（布罗德男爵）
法国蔷薇（高卢蔷薇）、突厥蔷薇（大马士革蔷薇）、百叶蔷薇、苔蔷薇（苔藓月季）、波特兰月季、波旁月季反复杂交而产生的系统。

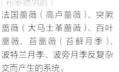

波旁月季[B]
（马美逊的纪念）
源于中国月季和秋花突厥蔷薇自然杂交产生的波旁月季的系统。

野蔷薇[SP]
为月季带来了多花性和攀缘性。

株型

枝条伸展的姿态称为株型，株型有直立株型、藤本株型和中间的类型。

3 种株型的特征

月季的株型分为直立株型、藤本株型和可藤可灌株型（灌木株型）三种。

直立株型月季多数为四季开花属性（参考 44 页），枝条硬而直立。

藤本株型月季多数是春季开放一次的一季开花属性（参考 44 页）。其中有藤蔓很柔软、不能自立的品种；也有由直立株型月季芽变而成的粗硬、不易弯曲的品种等。后者的品种名称前会加上"藤本"二字。

可藤可灌株型为介于直立株型和藤本株型中间的株型，除了古典月季以外，一般都是四季开花。

可藤可灌株型根据品种不同会有倾向性，倾向直立株型或倾向藤本株型。本书也把直立株型、藤本株型以外的类别都归为可藤可灌株型。

直立株型的分类

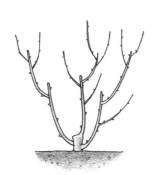

半直立性
枝条稍微向上伸展，性质介于直立性和半横张性之间。

直立性
枝条直立向上，会长高，但因为是纵向伸展，不会变宽。照片中的是'亨利·方达'月季。

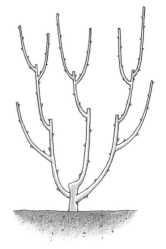

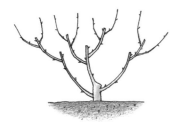

半横张性
枝条横向伸展，与横张性的相比，枝条具有稍微向上挺立的性质。

横张性
枝条以接近水平的角度伸展。虽然不高，但是宽度很宽。

藤本株型的分类

枝条柔软,适合用于栅栏等构筑物,本书也包含偏藤本株型的可藤可灌株型月季。照片中是'红色龙沙宝石'月季。

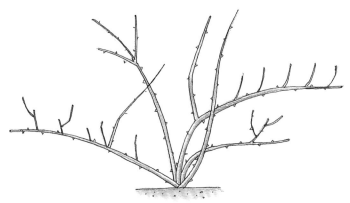

可藤可灌株型的分类

匍匐型
枝条好像伏地一样伸展,既可用作藤本株型月季,也可用作地被。

圆顶型
直立,枝条细,适合修剪成树篱造型。

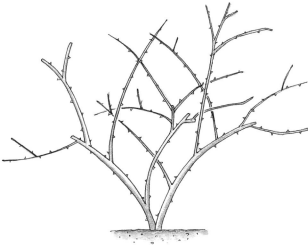

开张型
纵向伸展的枝条横向开张,有的品种也可以用作藤本株型月季。

开花习性

数次开花的四季开花型和一次开花的一季开花型

月季的开花习性主要分为四季开花型、重复开花型和一季开花型。

完全四季开花型月季，枝条伸展后在枝头开花，如果生长温度适宜，大概每隔 2 个月开花一次。长出新芽后才会开花，所以不用担心修剪会剪掉花芽。基本上，笋芽也会开花。根据品种和环境不同，下一次开花的周期也不一样。

一季开花型月季在春季开放一次。发出的枝条有两种，分别是让植株成长（营养生长）的枝条和开花结果（生殖生长）的枝条。休眠枝上长着大量花芽，枝条底部不太开花。因此，要注意如果重剪休眠枝会导致植株不开花。另外，重复开花型的可藤可灌株型月季是春季开过一次花后，从初夏开始会不定期地再次开花。

月季（一季开花型）的枝条的用途

笋芽上不开花，长成长枝条

生殖生长的枝条

春～秋
第一年只进行营养生长的枝条（笋芽），增多叶片、储备养分使植株长大。例如藤本株型月季的枝条。

春季（第 2 年）
生殖生长的枝条生长、开花，秋季结出果实。

春季～秋（第 3 年）
春季开花，再次生发出营养生长的枝条。

四季开花型·重复开花型

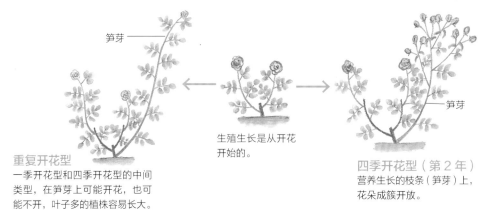

笋芽

生殖生长是从开花开始的。

笋芽

重复开花型
一季开花型和四季开花型的中间类型，在笋芽上可能开花，也可能不开，叶子多的植株容易长大。

四季开花型（第 2 年）
营养生长的枝条（笋芽）上，花朵成簇开放。

花型

根据品种不同，其花型具有各自的特征。
花瓣的数量和形状的差异，表现出品种的个性。

花型因品种而异

月季品种不同，花瓣的数量和形状也不同。根据花瓣数量的不同，一般将5~9枚花瓣的称为"单瓣花"，10~19枚花瓣的称为"半重瓣花"，20枚花瓣以上的称为"重瓣花"，100枚花瓣以上的会被特别区分出来称为"莲座状花"。根据花瓣形状的不同，有月季特有的"剑瓣"，即花瓣向外翻卷，状如剑尖，还有波浪状花瓣、有缺刻的花瓣、圆形花瓣等，丰富多样。

另外，根据花瓣的开放方式，有花瓣向内弯曲开放的"杯状花"，花瓣平着绽开的"平展状花"……

将月季花瓣的形状和开放方式再组合起来，就产生了"剑瓣高芯状""圆瓣球状"等类型。

欣赏花蕾打开后千姿百态的花型，也是观赏月季的乐趣之一。

花型

波浪状花瓣
花瓣好像波浪一般开放。图为'洛可可'月季。

半重瓣平展状
10~19枚花瓣，从侧面看花瓣呈平展状开放。图为'佩内洛普'月季。

半重瓣
花瓣10~19枚。图为'金莲步'月季。

单瓣
花瓣5~9枚。图为'霍勒大妈'月季。

绒球状
花瓣多，侧面看近乎球形。图为'白梅蒂兰'月季。

四分莲座状
花瓣多，中心分成多份。图为'福音'月季。

莲座状
花瓣多，中心一个，图为'波莱罗'月季。

杯状
侧面看像杯子的形状。图为'克里斯蒂娜'月季。

半剑瓣高芯状
比起剑瓣高芯状，花瓣翻卷不那么明显。图为'戴高乐'月季。

剑瓣高芯状
从侧面看，中心部分较高，花瓣顶端呈剑尖状。图为'月季教父'月季。

芍药状
像芍药花的样子，花瓣多，不规则排列。图为'伊芙伯爵'月季。

球状（圆瓣、剑瓣）
好像抱紧中心一样开放。图为'摩纳哥公主夏琳'月季。

花的大小·开花方式

花的大小可简单地分为 3 种。花在枝头的开放方式则分为单头开花和成簇开花 2 种。

3 种大小和 2 种开花方式

花的大小可简单地分为小型花、中型花、大型花。小型花花径不满 5cm，中型花花径 5~10cm，大型花花径 10cm 以上，其中还有花径达到 13cm 以上的巨型花。月季花在养分集中的状态下更容易巨大化，花的大小根据环境不同会发生变化。

开花方式有一个枝头开一朵花的单头开花方式和一个枝头开很多花的成簇开花方式。单头开花时，养分集中在一朵花上，花朵大而壮观。另外，由于花单独开放，花型也会比较标准。缺点是如果花蕾被虫子咬掉或是因气候影响发育不良的话，花的数量就会减少。另外，即使是直立株型中的直立性的类型，其开花枝（花头）也不一定都会直立开放。有的品种即使枝条直立，由于花梗柔软，花头也会横向开放。

成簇开花的时候，枝头的花越多，集中在一朵花上的养分越少，花就越小，花瓣数量也越少。花越小，花朵数量就会越多，但是花朵数量过多时，也会落蕾。少量落蕾不需要担心。成簇开花时，花的数量一般是大型花 3~4 朵，中型花 4~20 朵，小型花 20~50 朵。

成簇开花时，花蕾会分成数个阶段分期开花，所以即使发生病虫害，也不会造成毁灭性的伤害。

花的大小

图为花朵直径 3cm 的'小宝贝'月季。

直径 5cm 左右

小型花
直径 5cm 左右的花，多为成簇开放、大量开花的品种。

图为花朵直径 7~8cm 的'浪漫艾米'月季。

直径 5~10cm

中型花
直径 5~10cm 的花，根据品种和环境的不同，这个数值也会有变化。

图为花朵直径 14~16cm 的'和平'月季。

直径 10cm 以上

大型花
直径 10cm 以上的花。直径 13cm 以上的花也被称为巨型花。

单头开花

花的朝向取决于花梗的粗细

枝条粗，花梗不一定粗。如果花梗细，花会垂下来开放；如果花梗粗，花会直立开放。图为向下开花的'紫红天空'月季。

图为花头直立、单头开花的'科德斯庆典'月季。

枝条伸展，顶端单头开花的类型。花朵越大，则养分越集中。

成簇开花

右上图为小型花、成簇开花的'白兰度'月季，左上图为中型花、成簇开花的'擂鼓'月季。左下图为大型花、成簇开花的'戴高乐'月季。

枝条顶端开很多花的类型。因为养分被分散，所以每一朵花都较小。

花色

表达月季美感的要素之一就是花色。
花色是怎么形成的呢？

色素的作用，造就了花色

月季育种家为了培育出更美的花色，通过反复杂交来对月季的花色进行改良。结果根据颜色的种类、浓淡以及位置的不同，产生了各个品种独特的花色。

月季的花色以黄色系和红色系为基本。再加上一些较暗沉的色彩，它们组合在一起，产生了很多颜色。

这些颜色会根据气候而变化，所以春天的月季颜色和秋天的月季颜色不一样。

另外还有包含多种颜色的"复色"，边缘有颜色的"镶边"，颜色交织的"条纹"，花瓣的正反面颜色不同的品种，以及在开花过程中花色会发生变化的品种等。月季的底色基本上是白色和黄色等，在这之上再加上别的颜色可以制造出各种颜色。

另外，花瓣的厚度也会影响花色。花瓣薄的话，花色会比较通透，从而产生更柔和的色彩，但薄的花瓣也容易被雨淋伤。相反，花瓣厚的话，花色清晰，花瓣耐雨淋、持久性好。

花瓣的厚度

花瓣厚
厚花瓣即使被光照射也不会太通透，颜色的变化也很少。图为'宇宙'月季。

花瓣薄
薄花瓣在阳光照射下会显得透明，颜色也会发生变化。图为'波莱罗'月季。

花色

奶油色
淡黄色。图为'和音'月季。

白色
有些白色月季品种中心部位带有别的颜色。图为'约翰·保罗二世'月季。

眼睛
出现在花的中心位置的图案和颜色被称为"眼睛"，非常醒目。中心的花瓣卷曲重叠，好像绿色纽扣一样的叫做"纽扣眼"。图为'拉尔萨·巴比伦'月季。

花色

金黄色（棣棠色）
介于橙色和黄色之间的颜色。
图为'沉默是金'月季。

橙色
介于红色和黄色之间的颜色。
图为'金埃尔莎'月季。

深粉色
颜色的深浅有不同。图为
'艾拉绒球'月季。

淡粉色
这是一种接近白色的颜色，
也叫桃色。图为'月季教
父'月季。

茶色
它的颜色比一般的茶色要复
杂得多。图为'黄油硬糖'
月季。

杏色
淡橙色，也叫杏子色。图为
'洛可可'月季。

黑红色
近乎黑色的红色，也叫黑
月季。图为'黑蝶'月季。

红色
明亮鲜艳的颜色，也叫红玫
瑰。图为'齐格弗里德'月季。

绿色
月季中少见的颜色。图为'奶
油龙沙（奶油伊甸园）'月季。

镶边
花瓣边缘是别的颜色。图为
'穗之香'月季。

紫色
近乎红色的紫色。图为'梦
想家'月季。

紫藤色（淡紫色）
近乎蓝色的紫色，如薰衣草
色。图为'蓝色风暴'月季。

变色
随着花朵开放，颜色会变
化。图为'查尔斯顿'月季。

条纹
有不规则的竖条纹。图为
'香草覆盆子'月季。

黄色
柠檬黄色。图为'英卡'
月季。

淡黄色
带有白色的黄色。图为'藤
本笑脸'月季。

选择容易栽培的类型

月季的性质不同，其栽培的容易程度也不同，一般来说栽培的容易程度与打理的时间成反比，但是也有一部分例外。

按栽培的容易程度分为 4 类

月季按栽培的容易程度可以分为以下 4 个大类。

① 容易栽培的大型月季

② 有挑战性的四季开花型月季

③ ①和②的中间类型

④ 四季开花、容易栽培的类型

一般来说大型月季比较容易栽培，四季开花性好的月季，栽培难度会增大。

① 容易栽培的大型月季

月季的植株长得越大，发出的枝叶越多，光合作用就越旺盛，积蓄养分（营养生长）的枝条也越多。叶子多的植株，即使受到少量病虫的侵害，也不会严重影响植株健康。

多数藤本株型月季和强健的可藤可灌株型月季属于这种类型。但是植株越大越需要空间，在狭窄的空间里枝条会拥挤。冬季的修剪会削弱植株长势，栽培的要点是既要让它开花，也要控制生长。

② 有挑战性的四季开花型月季

四季开花型的月季，大部分的枝条都可以开花（生殖生长）。如果生长温度适宜，可以数次开花，很容易导致长势变弱。如果植株长势变弱了，就在花蕾小的时候摘蕾，让植株多长叶子，等待植株复壮。通过适当的养护让花盛开，这正是栽培月季的乐趣所在。

③ ①和②的中间类型

介于藤本株型月季和四季开花型月季之间的类型。通过适当的养护可以开出适中数量的花朵，称为可藤可灌株型月季，枝条长度也比较适中。根据品种不同，其生长状况也不同，但就基本性质而言，营养生长的枝条长势越好、数量越多，开花数越少。因此，要想多开花就需要控制枝条的生长，可以通过修剪来削弱枝条长势。

④ 四季开花、容易栽培的类型

四季开花、容易栽培的月季的种类比较少。因为具有四季开花属性，且修剪后长势也不容易变弱，所以初学者也能轻松栽培。特别是德国 ADR 认证的月季品种，耐寒性、抗病性都极佳，非常容易栽培，但是在市场上出售的品种还比较少。

观察枝条

要想确认月季的性质，观察自己栽培的品种是很重要的。要确认开花方式，可观察第一次开花（春季第一轮花）的枝条的长度和粗细。通过观察，确认什么样的枝条上没有开花，这对第二年的修剪很有帮助。另外，根据枝条伸展的长度，也可以了解植株的大小。

观察开花的枝条与不开花的枝条，比较它们的长度和粗细，以确认它们的区别。

※ ADR（=Allgemeine Deutsche Rosenneuheiten Prüfung）：全德国月季新品种观赏性和强健性的评价试验。

① 容易栽培的大型月季

一部分的古典月季和野生种（原种）属于这个类型。多数生长旺盛，容易长大。除了可能会因为长得过大而造成困扰外，基本是容易栽培的。

枝条生长得很长的野生种——金樱子和粉色金樱子。

② 有挑战性的四季开花型月季

注意开花管理和病虫害的预防等，需要花费心思来栽培。根据修剪和肥料管理的程度不同，生长状态也不同。虽然栽培起来比较费力、比较具有挑战性，但这也正是乐趣所在。

如果植株比较强健，修剪过的枝条也能长长并开出花来。上面两幅图片中都是'摩纳哥公主卡洛琳'月季。

③ ①和②的中间类型

具有适度大小的植株和适中的开花数量的可藤可灌株型月季属于这个类型。这是一种介于藤本株型月季和四季开花型月季之间的类型，如果营养生长的枝条长得过度，开花性就会变差，需要一边观察植株的情况，一边修剪，来控制长势。

四季开花型月季在第一轮花开过后会不断长出花蕾。图为'摩纳哥公主夏琳'月季。

④ 四季开花、容易栽培的类型

具有四季开花属性，修剪后植株也不会变弱，其中得到德国 ADR 认证的月季具有耐寒性和抗病性，非常容易栽培。特别推荐初学者选择这个类型的月季栽培。

得到德国 ADR 认证的月季。右图为'阿司匹林'月季，左图为'浪漫丽人'月季。

根据目的选择品种

欣赏月季的方式因人而异。选择品种前，不仅要确定好想要栽培的月季类型，也要确定好在庭院中的栽植位置。

环境会影响欣赏方式

在栽培月季前，很重要的一点是先考虑适合自己的观赏方法。第一次选择月季的时候，一般会根据喜欢的花色和形状选择。基本上人们会在自己喜欢的东西上花很多时间，但是不同的人欣赏的方式也不一样。

欣赏月季的方式有很多，但想要实现的结果基本上可以分为"欣赏花""欣赏花和植株""体验造园的乐趣"这三类。有的月季品种适宜盆栽，有的适宜庭院种植。如果只想欣赏花，可以盆栽，也可以庭院栽培。如果想欣赏包括花在内的整个植株，盆栽很容易实现，而庭院栽培则是场所越宽广越容易实现。要体验造园的乐趣，盆栽比较难实现，需要庭院栽培才可以实现。

要达到自己想要的目的，具备栽培的环境和空间很重要。另外，能付出多少精力等也是需要考虑的。

欣赏方式与盆栽和庭院栽培的适应性

想单独欣赏花和植株
想要欣赏花和植株的整体美时，盆栽是最合适的。
庭院栽培的话，空间越宽广越容易实现。

只想欣赏花
只欣赏花的话，盆栽和庭院栽培都可以。

想在花园中和其他植物一起欣赏
把月季作为花园的一部分和其他植物混栽时，庭院栽培较容易实现，而盆栽较难做到。
但也可以花些心思，通过把盆栽组合摆放来实现。

体验造园的乐趣

和其他植物混栽

强健的四季开花型月季可以和草花一起混栽欣赏。要认真考虑植物的位置和距离，避免在月季上落下阴影。

花坛

作为欣赏花的场所，要把月季配置在显眼的地方。认真考虑月季的高度和太阳的方位，注意不要落下阴影。

和构筑物组合

和灯、装饰窗等构筑物组合，打造有生活气息的庭院环境。

制造高度

让月季攀爬在构筑物上，可以增加庭院的完成度。利用栅栏和花架等，可以让平面的庭院和景观立体化。

省事的栽培方式

如果栽培空间够大，可以选择藤本株型月季等植株较大的类型，这类月季长势旺盛，不需要花费太多精力。

盆栽

适合用于停车场等没有土的地方。对于想收集很多品种的花友，也推荐选择盆栽方式。盆栽便于更换、容易移动，可以轻松地改变布局。

直立株型月季的选择方法

在花坛中栽培时，从四季开花的直立株型月季到可藤可灌株型月季都可以选用。要充分考虑植株的成长和种植空间来选择品种。

空间和成长后的间隔是要点

直立株型月季基本上都是四季开花，可用于花坛等。花坛欣赏用的四季开花型月季中，抗病性好、容易打理的品种日益增加。选择这类强健的月季品种，可以享受与其他植物混植的乐趣。

直立株型月季可以分为笔直生长、横向生长和介于二者之间的类型（参考42页），可以根据种植的地点来决定使用哪个类型。

在狭小的空间里，为了充分利用纵向空间，可选用笔直延伸的直立性的月季品种。如果栽培空间较大，则可以选择让花全面开放的、华丽的半直立性、横张性，以及可藤可灌株型中繁茂的圆顶型月季品种。把月季混栽的话，如果高低差太大，低矮的一方容易衰弱。另外，如果不预先考虑植株成长后的扩展性，植株长大后就会紧贴在一起。要避免这些情况。

不同枝条类型的欣赏方式

半直立性的品种
因为比直立性的品种宽度稍宽一些，所以纵向和横向的空间都会更豪华。图为'穗之香'月季。

直立性的品种
种植在狭窄的空间里，可以有效地利用纵向空间。图为'黑巴克'月季。

横张性的品种、圆顶型的品种
因为可以很低地横向展开，所以可用作地被或低矮的树篱。图为'红梅蒂兰'月季。

半横张性的品种
虽然高度不高，但其侧面给人丰满、茂密的感觉。图为'薰衣草梅蒂兰'月季。

直立株型月季的选择要点

植株之间要保留间隔
月季的植株之间不要重叠，空出间隔来
种植，让每个植株都可以照到阳光。

栽培空间
确认要种植的地点有没有足够的空间供枝
条伸展。根据栽培空间来选择枝条的类
型，把握成长后的大小，留出间隔。

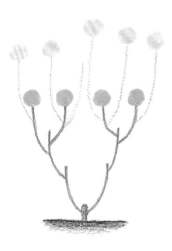

和草花的搭配方法
一般选择不会给月季造成阴影、比月季
矮的植物与月季进行组合。

了解枝条的伸展类型
可以根据花苗的标签来查询其高度，但是枝
条的伸展类型最好查询本书或询问购买处。

藤本株型月季的选择方法

注意藤本株型月季品种的伸展方式和构筑物的大小要匹配。

根据构筑物的类型选择品种

选择藤本株型月季用于拱门和栅栏等构筑物时，要考虑周全，避免失败。有的品种的茎在幼苗期很纤细，但不久就会变得又粗又硬，难以造型。另外藤本株型月季的藤条长度和构筑物的大小不匹配，也不能做出漂亮的造型。

枝条越柔软的藤本株型月季，越容易自由弯曲，但是大型花的藤本株型月季枝条不仅不易弯曲，还会长得很长，比较适合用于高 2m、宽 3m 左右的栅栏，以及类似尺寸的大型拱门。

枝条细长的蔓生月季适合用于矮长的栅栏。

另外，小型的四季开花的可藤可灌株型月季，枝条很长的直立株型月季也可以作为藤本株型月季来使用。

总之，藤本株型月季造型的时候，要事先考虑好藤条的伸展长度和构筑物的匹配程度，再选择品种。

不同枝条类型的欣赏方式

花向上开放的品种
枝条柔软的品种，可用于低矮的栅栏，从上面欣赏。不能弯曲的品种，要稍微离远一点欣赏。图为'莫扎特'月季。

枝条伸展得很长的品种
因为枝条很长，所以可以覆盖远离种植场所的地方和广阔的面积。图为'保罗的喜马拉雅麝香'月季。

花向下开放的品种
适合拱门和凉亭等从下面仰望的构筑物。图为'西班牙美女'月季。

枝条不太长且粗硬不易弯曲的品种
高度 1.8m 的栅栏。比这个更低矮的栅栏必须弯曲后才能收纳进去。图为枝条长 2m 左右'红陶'月季。

利用藤本株型月季的要点

栅栏
1m 高的栅栏上，适合选用枝条柔软的藤本株型或是可藤可灌株型月季品种。如果栅栏高 2m 左右，那么大多数藤本株型、可藤可灌株型月季品种都可以使用。

花架
适合选用一季开花的藤本株型月季中容易伸展的品种。尤其适合选用花枝柔软、花下垂开放的品种。

塔形花架
冬季修剪容易调整大小，适合四季开花的可藤可灌株型月季品种。

和草花的组合
基本上，只要月季牵引得比草花更高，草花就不会对月季的生长造成影响。

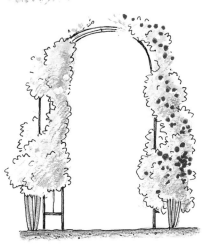

拱门
除了利用藤本株型和可藤可灌株型月季品种以外，利用一级枝条短的直立株型月季中枝条寿命长的品种，经过多年牵引，也能打造成完全四季开花的拱门。

挚爱　　　　　　存在

蒙娜丽莎的微笑　　克里斯蒂娜

诺瓦利斯　　　　索莱罗

艾拉绒球　　　　浪漫丽人

薰衣草梅蒂兰　　玛丽·亨丽埃特

ADR 认证的月季

　　通常植株小、四季开花的月季需要较多的照顾。有一些兼具四季开花性和强健性的月季，可以获得德国的 ADR 认证。

　　要获得 ADR 认证的月季，需要在不使用杀虫剂和杀菌剂的前提下，在德国的 11 个地方进行 3 年的测试。另外，由于德国的纬度大约等于日本的北海道、中国的黑龙江省，所以除了抗病性之外，耐寒性也要好，此外还要大量开花的月季才可以获得 ADR 认证。

　　ADR 标准很严格，即使得到认证，如果在以后在栽培中发现不够强健，认证还会被取消。

　　近年来，越来越多花朵华美、香气扑鼻的月季品种得到 ADR 认证。这些月季在进一步确认了耐热性后，可以考虑作为品种选择的标准。

ADR 认证品种

●存在	●绝代佳人
●月季花园	●诺瓦利斯
●岳之梦	●浪漫丽人
●坎迪亚·梅蒂兰	●艾拉绒球
●挚爱	●我的花园
●克里斯蒂娜	●玛丽·亨丽埃特
●伯爵夫人戴安娜	●薰衣草梅蒂兰
●蒙娜丽莎的微笑	●莫里纳尔玫瑰
●索莱罗	●红色达芬奇
●樱桃伯尼卡	……

* 本书记载的是截至 2018 年 3 月的数据。

第 3 章

月季品种图鉴

月季的魅力之一在于每朵花都有不同的个性。
一边看图鉴，一边挑选自己喜欢的月季品种吧。

本章的月季品种按株型分为直立株型、藤本株型和可藤可灌株型来介绍。

其中，可作为直立株型使用和可作为藤本株型使用的可藤可灌株型又分别归类到直立株型和藤本株型中。

另外，直立株型、藤本株型以外的类别都归为可藤可灌株型。

品种名

在市场上流通时常用的品种名。别名写在（ ）内表示。

月季的特征

介绍月季的特征。在国际大赛中获奖的月季品种会标注。

ADR：德国月季新品种的观赏性和强健性的评价测试。被测品种在德国全国的 11 个不同地区进行种植调查，选出可无农药栽培、重复开花、耐寒性强的品种。

AARS: All-America Rose Selection（全美月季精品大赛）的缩写。在全美地区进行种植调查，从能适应多变气候的品种中挑选。这些品种的月季在我国的适应性很值得期待。

白梅蒂兰

用途多样的白色月季

如同古典月季般的花朵，仅一朵花就能富有诗情画意。花瓣厚实，耐雨淋。即使修剪后也能开出很棒的花朵。可以用作地被或是用于较矮的栅栏、塔形花架等处，是一个用途多样的品种。

分类：S　　　花径：7cm　　　株高：0.6~1m
花型：绒球状　开花：四季开花　株型：可藤可灌株型

花坛　花盆　塔形花架　栅栏

用途

结合生长特性，用符号来表示用途。

用于花坛观赏。
花坛

适合盆栽。需要使用到 10 号以上花盆的则不用此符号表示。
花盆

牵引到塔形花架上观赏。
塔形花架

牵引到拱门上观赏。
拱门

可以牵引到栅栏或墙上的类型。
栅栏·墙面

可以牵引到较大型的凉亭或花架上的类型。
凉亭·花架

不需要花费很多精力就能轻松栽培。
容易栽培

耐寒性优异。
耐寒

耐热性优异。
耐热

抗病性优异。
抗病

有着中~强级别香味的月季。对于香味的感觉，因人而异。
中、强香

数据

分类：月季的系统名。在本书中用下面的缩写表示。
HT：Hybrid Tea Rose，杂交茶香月季
F：Floribunda Rose，丰花月季
S：Shrub Rose，灌木月季（可藤可灌月季）
HMsK：Hybrid Musk Rose，杂交麝香月季
R：Ramblers Rose，蔓性月季
CL：Climbing Rose，藤本月季
Min: Miniature Rose，微型月季
Pol：Polyanthas Rose，小姐妹月季

* 气候和修剪造型，都会改变月季的植株性质，因此在"分类"中的系统名后加"/"来表示其改变后的性质。

花型：花开的形状。
花径：花朵的直径。根据环境不同，花径也可能会发生变化。
开花：开花习性。分为四季开花、一季开花和重复开花 3 种。
　　　四季开花 = 在延伸的枝条上会重复开花。
　　　一季开花 = 一年仅在春季开一次花。
　　　重复开花 = 春季会开一次花，之后会根据自身的生长
　　　　　　　　情况不定期开花。
株高 / 枝长：植株的高度。藤本株型的月季会用枝条伸展的长度表示。
株型：长大后的植株形态。分为直立株型、可藤可灌株型和藤本株型。其中一部分又进一步细分为直立性、半直立性、半横张性、横张性、匍匐型、圆顶型、开张型、藤本性、半藤本性。

冰山

因冰山般洁白的花色而得名的名花

纯白的半重瓣花朵依次盛开。刺少，微香。抗病性强，容易栽培。虽然半横张性的植株很容易长大，但因为不太会从底部长出粗壮的笋芽（新枝条），所以不能过度修剪，要注意保留纤细的嫩枝。深受世界各国人民喜爱的名花。

分类：F	开花：四季开花
花型：半重瓣平展状	株高：1m
花径：8~9cm	
株型：直立株型·半横张性	

花坛　花盆　容易栽培　抗病

奥斯卡·弗朗索瓦

象征着《凡尔赛玫瑰》主人公的大型花白月季

与日本漫画《凡尔赛玫瑰》中主角的名字相同，具有简洁的花型和清爽的花香，是白色月季中的大型花品种。长大后，花朵的大小与叶子、枝条能达到完美的平衡。

分类：HT	开花：四季开花
花型：剑瓣高芯状	株高：1.5m
花径：12cm	株型：直立株型·直立性

花坛　耐热　强香

宇宙

适合所有庭院的大型花月季

复古感的大型花朵，花瓣为奶白色，
中心部位是淡杏色，有淡淡的香味。
柔和的花色用在任何庭院中都很协调。
枝条柔软，微微呈弓形。抗黑斑病能
力强，是十分适合新手栽培的品种。
2007 年获得 ADR 认证。

分类：HT/S　　开花：四季开花
花型：杯状　　株高：1.5m
花径：8cm　　株型：可藤可灌株型·横张性

花坛　花盆　容易栽培　抗病　耐寒　中香

新娘万岁！

有着水果茶香气的月季

复古感、大花量的白色花朵，散发着
芒果、番石榴等水果的混合香味。深
绿色的厚实叶子在阳光下显得非常美
丽。抗黑斑病、白粉病能力强，即使
枝条上有斑点，也不会对其生长造成
影响。

分类：HT　　　开花：四季开花
花型：圆瓣球状　株高：1.6m
花径：12~14cm　株型：直立株型·半直立性

花坛　抗病　强香

约翰·保罗二世

被选中种植在梵蒂冈花园里的品种

花大、饱满、有光泽的纯白色月季。深绿色的叶子能够凸显出花色。花型优雅，香味浓郁。生长旺盛，抗病性强。为了纪念第264代罗马教皇约翰·保罗二世，特意挑选了这个品种种植在梵蒂冈庭院里。

分类：HT　　　　　　开花：四季开花
花型：半剑瓣高芯状　　株高：1.5m
花径：11~13cm　　　　株型：直立株型·直立性

花坛　花盆　耐热　抗病　容易栽培　强香

阳光绝代佳人

白色与黄色的渐变

明亮的黄色会变化成淡色调的奶油色，让人观赏到白色与黄色的色彩渐变。开花性好，深绿色的叶子很能衬托出花色。抗病性强，容易栽培，整个绝代佳人系列都有着优异的抗病性。

分类：F　　　　　　开花：四季开花
花型：半重瓣　　　　株高：1m
花径：8cm　　　　　株型：直立株型·横张性

花坛　花盆　容易栽培　抗病　耐寒　耐热　强香

正雪

能开出强健的大型花

松散的奶油色花朵，直径有时可超过20cm。株型为半直立性，植株很强健，无论是用于花坛还是盆栽都很适合。花名源于月季种苗公司的第一代社长的名字。

分类：HT　　　　　　开花：四季开花
花型：半剑瓣高芯状　　株高：1.2~1.5m
花径：15~18cm　　　　株型：直立株型·半直立性

花坛　花盆　容易栽培

63

和音

如演奏和音一般，与庭院搭配和谐

奶油色的花朵中心带有黄色。能开出大量中型花。简洁的花色如同名字"和音"一样，能与庭院里的其他植物和谐地搭配在一起。开花性好，即使种植在小型花盆里也能充分体验到赏花的乐趣。

分类: F	开花: 四季开花
花型: 半剑瓣高芯状	株高: 0.8~1.1m
花径: 8~10cm	株型: 直立株型·直立性

花坛　花盆

奶油龙沙（奶油伊甸园）

带有绿色的杯状花

花色奶油色中稍带绿色，花型呈杯状。植株强健，可以种植在庭院里，也适合盆栽。给人高雅、复古的感觉，作为切花也非常受欢迎。

分类: F	花径: 5~6cm
株高: 1.5m	花型: 杯状
开花: 四季开花	株型: 直立株型·直立性

花坛　花盆

加百列大天使

香气四溢的四季开花月季

稍微偏灰色的白色花瓣中心带有淡淡的紫色，是四季开花的中型花月季。波浪状花瓣密集生长，散发出甘甜清爽的强烈香气。植株不会长得太大，非常适合盆栽。

分类: F	花径: 8~9cm
株高: 1m	花型: 莲座状
开花: 四季开花	株型: 直立株型·直立性

花坛　花盆　耐热　强香

克莱尔·奥斯汀

植株强健，香气浓郁

花型为圆瓣杯状，花色白色，花朵中心位置变为淡黄色且散发出芳香的英国月季。也可以作为小型的藤本株型月季来使用。生长旺盛、植株强健。2009年获得日本岐阜县国际月季大赛香味组的优胜奖。

分类: S	开花: 重复开花
花型: 杯状	株高: 1.5m
花径: 10cm	株型: 可藤可灌株型

栅栏　塔形花架　容易栽培　强香

杰奎琳·杜普蕾

抢眼的红色雄蕊

白色的花瓣和红色的雄蕊相互辉映。开花性强，松散的杯状花朵散发出甘甜的香味。有着光泽的叶片。属于大型可藤可灌株型月季，是非常容易栽培的品种。花名取自英国的天才大提琴演奏家的名字。

分类: F/S	开花: 重复开花
花型: 杯状	株高: 0.7~1.5cm
花径: 7cm	株型: 可藤可灌株型

花坛　栅栏　容易栽培　强香

珍珠

纽扣眼给人以深刻印象

花型从半剑瓣高芯状变化成丰满而又古典的形状。因为具有重复开花的特性，所以春季过后也会开花，能长期观赏。枝条可笔直伸长至1.8m左右，抗病性优异。此外，厚实光泽的叶子能衬托出花朵的美丽。花名在意大利语中是"珍珠"的意思。2009年获得ADR认证。

分类: HT/S
花型: 半剑瓣高芯状
花径: 10cm
开花: 重复开花
株高: 1.8m
株型: 可藤可灌株型·直立性

花坛　抗病　耐寒

香草伯尼卡

如同花束般盛开

花色如香草（香荚兰）冰淇淋般柔和的花，在一根枝条上能开8~10朵。花朵一起开放，看起来像是整齐的花束。开花持久，花瓣上不容易出现红色斑点，能长期观赏。生长旺盛，抗病性强。仅需要在冬季进行修剪。

分类：S
开花：四季开花
花型：半剑瓣平展状
株高：1.5~1.8m
花径：6~7cm
株型：直立株型·横张性

花坛　容易栽培　抗病

阿司匹林

一簇能开15~20朵花

能开出大量中型花，一簇能开15~20朵花。花色为淡桃粉色~白色，低温时期会变成樱花色。开花持久，可以制作成花束。和药物阿司匹林同名，属于容易栽培的品种。ADR认证品种。

分类：F/S
开花：四季开花
花型：半剑瓣平展状
株高：0.7~0.8m
花径：6~7cm
株型：直立株型·横张性

花坛　栅栏　容易栽培　耐寒

斯蒂芬妮·古滕贝格

蓬松的大型月季

外侧花瓣为象牙白色，中心位置的花瓣为嫩粉色。不仅抗白粉病和黑斑病能力强，而且耐寒。开花性好且株型紧凑，适合盆栽或用于狭窄的空间。

类：F	花径：10cm
株高：0.8m	花型：杯状
开花：四季开花	株型：直立株型·横张性

花坛　花盆　抗病　耐寒　中香

拉尔萨·巴比伦

花朵中间有红色眼睛

杏色的花苞，在开花后会变成乳白色。花朵中央会浮现出红色眼睛（红色斑点）。皮实且开花性好，适合种植在小型花盆里观赏。

分类：F	花径：5cm
株高：0.8m	花型：平展状
开花：四季开花	株型：直立株型·半横张性

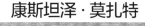

花坛　花盆

康斯坦泽·莫扎特

容易栽培的中大型花品种

花色为带有灰白调子的柔和粉色，一簇能开出 5 朵左右的中大型花朵。叶形美丽，叶色深绿色、有光泽。抗病性、耐热性强、容易栽培。该品种的名字是为了纪念莫扎特夫人诞辰 250 周年。

分类：F
开花：四季开花
花型：半剑瓣 ~ 四分莲座状
株高：1.3m
花径：8~10cm
株型：直立株型·半横张性

花坛　容易栽培　抗病　耐热　中香

波莱罗

蓬松地重叠在一起的花瓣十分惹人怜爱

白色、柔软的花瓣蓬松地重叠在一起，给人
纤柔的印象。有着热带水果般的香气。头茬
花的花朵的中心位置会晕染出粉色。富有光
泽的绿色叶片能衬托出花色。

分类：F		开花：四季开花	
花型：莲座状		株高：0.8m	
花径：10cm		株型：直立株型·半横张性	

花坛　花盆　容易栽培　抗病　强香

春乃

以纪贯之的和歌为主题

花色外侧为浅粉色，向中心逐渐变为深粉色，
大量的花瓣酝酿出春天的气息。香气怡人，如
果做好虫害预防，花可以持久开放，适合作为
切花使用。勤摘残花，能重复开花。

分类：F	开花：四季开花
花型：半剑瓣高芯状～莲座状	株高：1.2m
花径：8~10cm	
株型：直立株型·半横张性	

花坛　中香

薰乃

有着怡人的芳香和美丽的花姿，极具魅力

浅米色的花朵，中心部分为奶油粉色，能开出成
簇的大型花。有着大马士革香和茶香。如果精心
管理，会开出大量的花朵。叶子是淡绿色，和花
色的对比非常漂亮。花名源自它的香气和美丽的
姿态。

分类：F	开花：四季开花
花型：杯状	株高：1m
花径：9cm	株型：直立株型·直立性

花坛　强香

玛丽·安托瓦内特

拥有王妃的优雅气质的月季

花色为象牙白和柔和的黄色，给人以纤柔的感觉。一簇能开出5~6朵花。辛辣香型。是符合法国国王路易16世的王妃玛丽·安托瓦内特的气质的月季。

分类：F	开花：四季开花
花型：杯状	株高：1m
花径：8~10cm	
株型：直立株型·半横张性	

花坛　花盆　中香

月季教父

拥有凛然之美的大型月季

有着淡淡粉色和端庄花型的大型花月季。其花香被评价为"强烈茶香混合着甜柠檬般的清爽气味，同时又伴有微弱的木香（树木香气）"，香味层次非常丰富。

分类：HT	开花：四季开花
花型：剑瓣高芯状	株高：1.2~1.5m
花径：12cm	株型：直立株型·半直立性

花坛　中香

小特里阿农

既优雅又精致的月季

柔软的嫩粉色花瓣给人以优雅、纤细的美感。开花性强，饱满的枝条上，一簇能开出3~4朵花。叶子富有光泽。是以玛丽·安托瓦内特王妃心爱的宫殿的名字命名的月季。

分类：F	开花：四季开花
花型：圆瓣莲座状	株高：1.2m
花径：9~11cm	株型：直立株型·半直立性

花坛　花盆　容易栽培　抗病

东云

花色逐渐变淡

粉色的花瓣仿佛是轻轻拍打的波浪，
开花后花色会逐渐变淡。花期长，花
朵一个接一个地开成花束般的样子。
叶子深绿色，富有光泽。花名取自纪
贯之的和歌。

分类：F	开花：四季开花
花型：圆瓣平展状	株高：1~1.2m
花径：9~10cm	
株型：直立株型·半直立性	

花坛　花盆

摩纳哥公主夏琳

花色新鲜华丽

褶边的花瓣，花色为略微偏肉色的粉色。带有
纤细甘甜的香气。由于该品种有一定的伸展
力，可作为切花使用。是献给摩纳哥公主夏琳
的月季。

分类：HT	开花：四季开花
花型：波浪状花瓣球状	株高：1.6m
花径：11cm	株型：直立株型·半直立性

花坛　容易栽培　强香

樱贝

给人以蓬松柔和的印象

具有透明感的粉色花色和蓬松的花型，给人柔
和的感觉。一簇能开出约5朵花。即使长大后，
枝条也很柔软。少刺、耐寒性优异是其特征。

分类：F	开花：四季开花
花型：剑瓣高芯状	株高：1.2m
花径：6~7cm	株型：直立株型·直立性

花坛　花盆　耐寒

爱子公主

花瓣张开时的样子特别美丽

从花苞时期到花瓣打开后，无论哪个时期都很
美丽。桃色的花色配上剑瓣高芯状的花型，给
人优雅的印象。开花性好，花期长。为了庆祝
日本敬宫爱子内亲王诞生而命名的月季。

分类：F　　　　　　开花：四季开花
花型：剑瓣高芯状　　株高：1.2m
花径：9cm　　　　　株型：直立株型 · 直立性

花坛　花盆

亮粉绝代佳人

即使放任不管也能不断开花

花色为淡粉色的渐变色，能开出郁金香般花型
的花朵。花的样子惹人怜爱。绝代佳人的芽变
品种。开花性好，即使不花费功夫管理也能开
得很好。

分类：F　　　　　　开花：四季开花
花型：半重瓣　　　　株高：0.9~1.2m
花径：7~8cm　　　　株型：直立株型 · 横张性

花坛　花盆　容易栽培　耐寒　耐热　抗病

白兰度

开满杯状的小型花

开满偏杏色的粉色杯状小花，十分可
爱。株型紧凑，深绿色的叶子很厚实。
抗病性优异，特别是对于黑斑病和白
粉病，有着很强的抗性。

分类：F　　　　　　开花：四季开花
花型：杯状　　　　　株高：1m
花径：6cm　　　　　株型：直立株型 · 横张性

花坛　花盆　容易栽培　抗病

梦香

散发着梦幻般的香气

花色为桃色，由边缘向中心部分逐渐变深，柔和的花色和蓬松的花型营造出梦幻般的氛围。花香为果香型，有着柠檬般清爽和谐的香味。株型紧凑，可以盆栽。

分类：F	开花：四季开花
花型：半剑瓣球状	株高：1.2m
花径：8~10cm	
株型：直立株型 · 半直立性	

花坛　花盆　强香

阿布拉卡达布拉

如同被施了魔法般的花色变化

开花过程中，花色会从奶油色变为玫粉色。花名是一句魔法咒语，因为花色的变化仿佛被施了魔法般奇妙。单朵开花，开花性好，花期长。梅雨季节要注意避雨，避免因为下雨淋伤花朵。

分类：HT	花径：12~14cm
株高：1.2m	花型：半剑瓣高芯状
开花：四季开花	株型：直立株型 · 半横张性

花坛　花盆

摩纳哥公主

散发出高贵气息的人气品种

饱满的花型和柔和的花色给人高贵的印象。香气高雅甘甜。抗病性优异、容易栽培，是非常受欢迎的品种。这是献给已故摩纳哥王妃、女演员格蕾丝·凯利的月季。

分类：HT	花径：12~14cm
株高：1.2m	花型：半剑瓣高芯状
开花：四季开花	株型：直立株型 · 半横张性

花坛　容易栽培　抗病　中香

贝弗利

华丽的香气令人着迷

粉红色的花瓣，散发出高贵华丽的香气。小苗状态时刚长出的笋芽（新枝条）非常柔软，之后会逐渐变得坚硬。植株的宽度能达到1m。耐热性强。

分类：HT	花径：11~13cm
株高：1.2~1.5m	花型：剑瓣高芯状
开花：四季开花	株型：直立株型·横张性

花坛　容易栽培　耐热　强香

穗之香

镶边色衬托出波浪花边

开花后，波浪状花瓣的边缘会逐渐变为红色。株型紧凑，花朵不会太密集，给人优雅的印象。开花持久，容易栽培。叶子厚实、有光泽，能衬托出花朵。

分类：F	花径：9~11cm
株高：0.7~0.9m	花型：波浪状花瓣
开花：四季开花	株型：直立株型·半直立性

花坛　花盆　容易栽培

格莱特

容易栽培的渐变色月季

开花过程中，花色由象牙色逐渐过渡到鲑鱼粉色。一边开花，一边长出新的枝条，不断开出花朵。株型紧凑，不太容易结果，因此不需要额外花费精力去摘除残花。抗病性、耐热性、耐寒性强，是十分容易栽培的品种。

分类：F	开花：四季开花
花型：半重瓣	株高：0.7m
花径：7~8cm	

株型：直立株型·半横张性

花坛　花盆　容易栽培　耐寒　耐热　抗病

A 现场

清新的香味令人印象深刻

亮粉色的花色，给人轻快的印象。中间部分密集的花瓣看上去很华丽。散发出柠檬马鞭草香和杏子香混合的清爽香气。适合与矮灌木混合种植，抗病性强，容易栽培。这是一款献给日本原宝家歌剧团顶级明星濑奈纯的月季。ADR 认证品种。

分类：HT	花径：11~13cm	株高：1.5~1.8m
花型：半剑瓣、中心部位莲座状	开花：四季开花	株型：直立株型·横张性

花坛　容易栽培　抗病　耐寒　强香

桃香

有着清新甘甜气味的强香型月季

花色为渐变的粉色，由花朵中心向边缘逐渐加深，颜色的深浅变化非常迷人。如果植株茁壮生长的话，1 根枝条上能开出 3~5 朵形状好的大型花。香气浓郁，清新中混合着甘甜，距离数步之远都能闻到。花枝多，观感饱满。

分类：HT	开花：四季开花
花型：半剑瓣高芯状	株高：1.2~1.5m
花径：12~13cm	
株型：直立株型·半直立性	

花坛　强香

皮尔·卡丹

划时代的花色是其魅力所在

底色为鲑鱼粉色的花瓣上缀满了玫粉色的斑点，这种首次出现的、划时代的花色是其魅力所在。含有没药香味的大马士革香气，与花色完美搭配。

分类：HT	花径：9~14cm
株高：1.5m	花型：剑瓣高芯状
开花：四季开花	株型：直立株型·直立性

花坛　花盆　中香

伊芙伯爵

花姿和香味都很华丽

大量带褶边的波浪状花瓣如同芍药花般绽放，香气袭人，营造出华丽的气氛。香型为强烈的大马士革香。叶片有光泽。与巨型的花朵相比，植株较小，强健，容易栽培。

分类：HT	花径：14cm
株高：1m	花型：波浪状花瓣芍药状
开花：四季开花	株型：直立株型·横张性

花坛　强香

和平

家喻户晓的名花

花色为奶油黄色带粉色镶边，非常有分量感。植株强健，容易栽培。作为被世界各国喜爱的月季品种，它的名字是在第二次世界大战后，为了祈求和平而命名的。入选世界月季联合会的月季名人堂。

分类：HT	开花：四季开花
花型：半剑瓣高芯状	株高：1.2m
花径：14~16cm	株型：直立株型·横张性

花坛　花盆　容易栽培

壮举

硕大且轮廓清晰的大型花

有着明亮的柠檬色花色，会开出古典
花型的大型花月季。虽然体型庞大，
但给人清新的感觉。柑橘类的香气非
常清爽。耐热性好，适合种植在炎热
地区。开花性好，花期持久，花姿优
美，可用作切花。

分类：HT　　　　开花：四季开花
花型：莲座状　　　株高：1.5m
花径：10cm
株型：直立株型·半直立性

花坛　耐热　强香

亨利·方达

让人惊艳的纯黄色月季

绽放出惊艳夺目的纯黄色色彩的月季。
开花后也不会褪色，一直保持着漂亮
的黄色。强健，容易栽培。入秋后，
茎的红色会变深，和花色形成美丽的
对比。这款令人喜爱的黄色月季，是
专门培育献给美国著名演员亨利·方
达的。

分类：HT　　　　开花：四季开花
花型：剑瓣高芯状　株高：1.2m
花径：10~12cm
株型：直立株型·直立性

花坛　容易栽培

金莲步

金色的雄蕊和果实也很有趣

花瓣从黄色到淡黄色，雄蕊为美丽的
金色，能不断开出 5~30 朵一簇的花。
盛开的样子仿佛花束一般。早花品
种，果实也很有观赏价值。对黑斑病
和白粉病的抗性强。花名源于中国故
事"步步生金莲"。

分类：F　　　　开花：四季开花
花型：半重瓣　　株高：1.6~1.7m
花径：7~8cm
株型：直立株型·横张性

花坛　容易栽培　抗病

图卢兹·劳特雷克

鲜艳的黄色和浓郁的香气

不会褪色的鲜黄色花瓣像芍药一样绽放，给
人可爱的感觉。花香为茶香混合着轻微的柠
檬香，香气浓郁。作为切花也非常受欢迎。
花名源于法国画家亨利·德·图卢兹·劳特
雷克。

分类：HT　　　　开花：四季开花
花型：芍药状　　　株高：1.5m
花径：13~14cm　　株型：直立株型·直立性

花坛　强香

英卡

小型花，抗病性强

花色为不会褪色的澄净的黄色，花型为剑瓣高
芯状。花瓣数少于 20 片，花朵虽然比较小，
但茎叶很漂亮。开花性好，抗病性优异，特别
是对黑斑病有很强的抗性。

分类：HT　　　　开花：四季开花
花型：剑瓣高芯状　株高：1~1.2m
花径：10cm　　　　株型：直立株型·直立性

花坛　花盆　抗病

柠檬酒

花朵开满枝头

开花过程中，花色从鲜黄色变为淡黄色。大量的簇生花朵开满枝头。叶子小而油亮。枝条纤细，柔软而茂盛。花名源自意大利的特产柠檬酒。

分类: S	开花: 四季开花
花型: 圆瓣单瓣	株高: 1.2~1.5m
花径: 5~7cm	
株型: 直立株型 · 半横张性	

花坛　花盆　容易栽培　耐热　耐寒

浪漫丽人

开满枝头的黄色月季

小巧的鲜黄色花朵开满枝头，散发出清爽的香气。长势良好，皮实，好养。枝条可以伸得很长，可以作为藤本株型月季使用。淡绿色的叶子能很好地衬托出黄色的花朵。在其产地法国，英文花名为"Belle Romantica"，其中"Belle"在法语中是"美丽"的意思。ADR 认证品种。

分类: F/S	开花: 四季开花
花型: 杯状	株高: 1.8m
花径: 6~7cm	
株型: 可藤可灌株型 · 直立性	

花坛　花盆　拱门　容易栽培　耐寒　抗病　中香

蜂蜜焦糖

个性，可爱

花如其名，有着浓郁的焦糖色和深杯状花型，个性十足，甜美可爱，具有复古感。花朵中间部分重叠着大量的小花瓣。伸展力强的高性品种。

分类：F	开花：重复开花
花型：圆瓣杯状	株高：1.6~1.7m
花径：6~7cm	
株型：直立株型·直立性	

花坛

查尔斯顿

花色从黄色渐变为红色

最初为黄色的花瓣在日晒后会变成红色。这是一款初开和花谢时花色会发生变化的代表性变色品种。秋季的花会变得非常美丽。成簇开放的花朵在老枝上也可以开很多。特征是强健、容易栽培。

分类：F	花径：8~9cm
株高：0.8~1m	花型：半重瓣
开花：四季开花	株型：直立株型·横张性

花坛　花盆　容易栽培

荣光

美丽的颜色变化

在开花过程中，花色会从黄色变为玫粉色的品种。花多且刺少是其特征。属于早花品种，在其他月季开花前就能观赏到花朵。淡绿色的叶子，能很好地衬托出花色。

分类：HT	花径：13~15cm
株高：1.1~1.3m	花型：剑瓣高芯状
开花：四季开花	株型：直立株型·直立性

花坛　花盆

烟花波浪

春季的花瓣仿佛烟花一般

花瓣深裂。在春季，像菊花一样的黄色花瓣顶部会变红。如同花名一样，给人烟花绽放的印象。夏季高温期，整体都会变成黄色。株型紧凑，非常适合盆栽。

分类：F	花径：8~9cm
株高：0.8~1m	花型：深裂瓣绒球状
开花：四季开花	株型：直立株型·半横张性

花坛　花盆　中香

里约桑巴舞

花色鲜艳，不断开花

花色从黄色变成橙色，之后又变成红色。花如其名，颜色鲜艳的花不断盛开的样子让人联想到里约热内卢的狂欢节上的桑巴舞。能开出大量花朵的早花品种。1993 年获得全美月季优选奖（AARS 奖）。

分类：HT	花径：10~12cm
株高：1.2m	花型：半剑瓣
开花：四季开花	株型：直立株型·半横张性

花坛　花盆

浪漫宝贝

开花性强且花期长的品种

橙色和粉色混合的鲜艳色彩与圆润的莲座状花型的搭配十分和谐，给人可爱的印象。开花性好的丰花品种。开花持久，推荐作为切花使用。注意不要过度施肥。

分类：F	开花：四季开花
花型：圆瓣莲座状	株高：1m
花径：6~8cm	株型：直立株型·直立性

花坛　花盆

铜管乐队

容易栽培的人气品种

花瓣的背面带有黄色，将杏橙色的花色衬托得更加鲜艳。在气温较低时，头茬花为温暖的橙色，而高温时期开放的二茬花会变成杏色。开花性好，容易栽培。1995年获得全美月季优选奖（AARS奖）。

分类：F	开花：四季开花
花型：圆瓣	株高：0.8~1.3m
花径：9~11cm	株型：直立株型·直立性

花坛　花盆　容易栽培

金埃尔莎

大量盛开的花朵

明亮的橙色波浪状花瓣，有着传统的风情。植株紧凑，能开出大量的花朵，不停地结出花苞。花名为柏林胜利女神像的爱称。

分类：F	花径：10cm
株高：0.4~0.7m	花型：圆瓣莲座状
开花：四季开花	株型：直立株型·直立性

花坛　花盆

万叶

盛开时波浪状的花瓣特别优美

花色为闪耀的橙色。能开出中型花中较大的花。根据温度不同，可能会开出波浪状的花瓣。植株皮实，抗病性强，非常适合用于花坛和盆栽。这是一款象征着日本万叶时代的月季。

分类：F	花径：10cm
株高：0.9m	花型：圆瓣平展状
开花：四季开花	株型：直立株型·横张性

花坛　花盆　抗病

迪士尼乐园

色彩明亮丰富的花朵开满整个植株

橙色的花会渐渐变成粉色。花色呈明亮丰富
的渐变色彩。一簇能开出 3~10 朵花，热闹
缤纷。油亮的叶子也很美丽。

分类：F　　　　开花：四季开花
花型：半剑瓣　　株高：1m
花径：8cm　　　株型：直立株型·横张性

花坛　花盆

假期万岁!

特别耀眼的色彩

中型花，花色为鲜艳的橙粉色，十分耀眼，给
人健康的印象。株型紧凑，能重复开花。叶子
绿色、圆形。仅仅 1 棵就显得很华丽，特别适
合小空间和容器种植。

分类：F　　　　开花：四季开花
花型：圆瓣　　　株高：1m
花径：8~9cm　　株型：直立株型·横张性

花坛　花盆　中香

美智子公主

中型花中的名花

有其他品种难以比拟的深橙色的花色，兼具高
雅和华丽气质的中型系名花。开花性好，半重
瓣的花朵成簇盛开。抗病性强，是由英国育种
家献给当时还是日本皇太子妃的美智子皇后的
礼物。

分类：F　　　　开花：四季开花
花型：半重瓣　　株高：1.2~1.5m
花径：8~10cm　　株型：直立株型·直立性

花坛　花盆　抗病

摩纳哥公爵

华丽的白色与红色

阳光照射后，白色的花色会变成鲜明的玫红色。整个植株开满花朵。长势旺盛。容易栽培。红色和白色是摩纳哥公国国旗的颜色，这是一款献给摩纳哥公国已故的雷尼尔三世的月季。

分类：F　　　　　　开花：四季开花
花型：剑瓣平展状　　株高：0.8~1.3m
花径：9~10cm　　　 株型：直立株型·半横张性

花坛　容易栽培

红双喜

奶油色和红色交织的美丽花色

奶油色的花瓣打开后，边缘会逐渐变成红色，能观赏到两种颜色。香味为果香型。枝条容易伸展得过长，有些不容易打理。花名来自其美丽的花姿和美妙的香气，有着"双重喜悦"的意味。

分类：HT　　　　　　开花：四季开花
花型：剑瓣高芯状　　株高：1.2m
花径：12~14cm　　　 株型：直立株型·半横张性

花坛　强香

罗拉

在庭院中特别引人注目

花瓣的正面是鲜艳的朱红色，背面是白色。香味很淡。开花性好，花期长。耐寒性、耐热性优异。粗壮的笋芽（新枝条）能长成大棵植株。花名源于原哥伦比亚驻法国大使夫人的名字。

分类：HT　　　　　　开花：四季开花
花型：半剑瓣高芯状　　株高：1.3~1.5m
花径：12~14cm　　　 株型：直立株型·横张性

花坛　耐寒　耐热

蒙娜丽莎的微笑

壮观的猩红色花朵

能开出猩红色花朵的月季。枝条呈半藤半灌状伸展，可以作为小型的藤本株型月季使用，推荐用于栅栏、花格子架和塔形花架等。叶片有光泽，新枝上萌出的叶子带有红色，之后变为深绿色。ADR 认证品种。

分类：S	开花：四季开花
花型：圆瓣杯状	株高：1.5m
花径：9~10cm	株型：可藤可灌株型·横张性

花坛　花盆　塔形花架　拱门　栅栏　容易栽培　耐热　耐寒　抗病

小红帽

花瓣能保持鲜艳的红色

深红色杯状的花朵，成莲座状盛开，一根枝条大约能开出 5 朵簇状花。花瓣结实，不容易褪色，能保持鲜艳的红色。开花性好，能连续开花。抗黑斑病能力强。有着美丽的油亮叶子。花名取自德国格林童话《小红帽》。

分类：S	开花：四季开花
花型：莲座状	株高：1.2m
花径：6~8cm	
株型：直立株型·直立性	

花坛　花盆　栅栏　容易栽培　耐寒　抗病

齐格弗里德

绒毯般质感的红色月季

深红色的花瓣有着绒毯般的质感。花型从球状变为莲座状。如果花开的时间够长，深红色的花会慢慢地带上粉红色。抗病性强，尤其是对黑斑病和白粉病的抗性特别强。

分类：S	开花：四季开花
花型：圆瓣杯状	株高：1.5m
花径：9~10cm	株型：直立株型·半直立性

花坛　抗病

克里斯汀·迪奥

深秋时更加美丽

进入深秋季节，花型会很清晰，花色会更加美丽的品种。美丽的花型及持久开花的能力是其魅力所在。虽然是比较强建的品种，但是在潮湿的环境下容易发生白粉病。花名源于国际时尚设计师的名字。

分类：HT	开花：四季开花
花型：剑瓣高芯状	株高：1.5~1.8m
花径：10~15cm	株型：直立株型·直立性

花坛

福音

有存在感的大型花

具有浓郁的酒红色花色以及浓厚的大马士革香味，存在感极强。枝条伸展力好，在结实的枝头能开出成簇的大型花朵。偏蓝色的圆形深绿色叶子，有亚光的质感。是抗白粉病能力特别强的品种。

分类：HT	开花：四季开花
花型：四分莲座状	株高：1.5m
花径：10~12cm	株型：直立株型·半横张性

花坛　抗病　强香

魅力波浪

带山字形缺刻的花瓣很有魅力

波浪状花瓣的边缘有山字形的缺刻，紫红色的花色美不胜收。花瓣打开后的样子很漂亮，香气很淡。抗白粉病能力强。叶子为明亮的绿色，能很好地衬托花色。花姿优美，推荐花坛栽培或盆栽。

分类：F	开花：四季开花
花型：带缺刻的波浪状花瓣	株高：0.8~1m
花径：10cm	
株型：直立株型·半横张性	

花坛　花盆　抗病

纯正猩红

燃烧的火焰般的红色月季

从开花到花期结束，花瓣始终保持着明亮的猩红色，看上去仿佛正在燃烧的火焰。株型紧凑，能持续开出成簇的花朵。油亮的深绿色叶子非常美丽。适合盆栽。

分类：F	开花：四季开花
花型：半剑瓣高芯状	株高：1.5m
花径：10cm	株型：直立株型·直立性

花坛　花盆　中香

蓝河

从紫色到红色的变化

开花过程中，外侧的花瓣逐渐变为紫红色，开得越开，红色越浓。小小的花朵成簇盛开，散发出浓香。抗病性优异，开花持久。植株紧凑、整齐，非常适合盆栽。

分类：HT	开花：四季开花
花型：半剑瓣高芯状	株高：1.2m
花径：11cm	株型：直立株型·直立性

花坛　花盆　抗病　强香

海蒂·克鲁姆

莲座状开放的雅致月季

紫罗兰粉色的花色和圆瓣莲座状花型，整体外观十分雅致。花香为浓郁的大马士革香。开花非常持久，花瓣不容易褪色，株型高且紧凑，适合盆栽。

分类：F	开花：四季开花
花型：圆瓣莲座状	株高：0.8m
花径：8cm	
株型：直立株型·半横张性	

花坛　花盆　强香

费尔森伯爵

芬芳四溢的花朵

花色为美丽的薰衣草紫色。花朵完全打开后，花瓣呈波浪状。中型花月季中少有的、有着清爽香气的品种。1根枝条能开出5朵左右的簇状花。卷着的花蕾开放的样子很有趣。

分类：F	花径：9~10cm
株高：1.2m	花型：波浪边花瓣高芯状～平展状
开花：四季开花	株型：直立株型·横张性

花坛　花盆　强香

芬芳空气

被甘甜浓厚的香气包裹的空间

有着薰衣草粉色的波浪状花瓣。正如花名"充满香味的空气"的意思一样，能随着花的开放，飘散出浓厚甘甜的香味。刺较少，很容易栽培。植株偏半藤半灌状伸展，叶子深绿色、有光泽。

分类：F	花径：9cm
株高：1.5m	花型：波浪状花瓣莲座状
开花：四季开花	株型：可藤可灌株型·直立性

花坛　强香

蓝色风暴

雅致的日式风情

蓝色中带有淡紫色的花色，雅致的花型演绎出日式风情。中大型的花朵 4~5 朵一簇绽放。花香为大马士革香和茶香混合的香气。因为秋季开花较少，所以在夏季只需轻微修剪即可。

分类：F	开花：四季开花
花型：圆瓣	株高：1.2m
花径：8~9cm	株型：直立株型·直立性

花坛　中香

迷人夜色

美丽的渐变薰衣草色

带有褶边的薰衣草色花瓣很有魅力。越靠近中心部位颜色越浓，花瓣背面偏银色。蓝香型和果香型混合香味，香气浓郁。因为枝条比较柔软，所以大簇花朵绽放时会垂头。

分类：F	开花：四季开花
花型：圆瓣平展状	株高：0.9~1.2m
花径：7~8cm	株型：直立株型·半直立性

花坛　花盆　强香

戴高乐

华丽的花型，浓厚的香气

有着深薰衣草色的花色和半剑瓣高芯状花型的华丽月季。香气浓郁。开花性好，能长成强健的大型植株。此外，也是刺较少的品种。花名源于原法国总统的名字。

分类：HT	开花：四季开花
花型：半剑瓣高芯状	株高：1~1.2m
花径：11~13cm	株型：直立株型·横张性

花坛　花盆　强香

诺瓦利斯

在蓝色月季中属于非常强健的品种

花瓣较多，能开出明亮的紫罗兰色的中型花朵。枝条坚硬，植株强健。在现有的蓝色系月季中，属于非常强健、抗病性很强的品种，尤其是对黑斑病和白粉病具有很强的抗性。同时也有耐寒性。花名源自小说《蓝花》的作者的名字。ADR 认证品种。

分类：HT	开花：四季开花
花型：杯状	株高：1.5m
花径：9~11cm	株型：直立株型·半直立性

花坛　容易栽培　耐寒　抗病　中香

秘密香水

具神秘感的花色

花型为整齐的半剑瓣高芯状。薰衣草色的花色，给人以神秘的印象。甘甜的柠檬花香，极具魅力。开花性好，在秋季也经常开花。即使修剪后也能开出很多的花朵，是非常容易栽培的品种。叶子深绿色、有光泽，能很好地衬托薰衣草色的花朵。

分类：HT	开花：四季开花
花型：半剑瓣高芯状	株高：1.5m
花径：12~13cm	
株型：直立株型·直立性	

花坛　容易栽培　强香

蓝色香水

蓝少，容易打理

梦幻般的深紫色月季，有浓厚的香味。开花性好，能很早观赏到花朵。刺少，株型紧凑，容易打理。花香浓郁，推荐作为切花使用。

分类：HT	花径：11~13cm
株高：1.1~1.2m	花型：半剑瓣
开花：四季开花	株型：直立株型·直立性

花坛　花盆　强香

蓝月

长久以来备受人们喜爱的紫色月季中的代表

有着美丽薰衣草花色的月季，带有清爽的辛辣香型的花香，长久以来备受人们喜爱。刺少，枝条能伸展得很长，有时能开出成簇的花朵。是抗病性优异的品种，也是紫色月季中的代表性品种之一。

分类：HT	花径：10~12cm
株高：1.5m	花型：半剑瓣高芯状
开花：四季开花	株型：直立株型·直立性

花坛　抗病　强香

阴谋

酒红色的花色和强香十分迷人

浓郁的酒红色花色和强烈的香气令人着迷。在中型花月季中，属于花朵较大的品种，能开出成簇的花朵。花名"阴谋"，很好地表现出这种月季营造的氛围。获得全美月季优选奖（AARS 奖）。

分类：F	开花：四季开花
花型：半剑瓣	株高：1m
花径：10cm	株型：直立株型·横张性

花坛　强香

黑蝶

花的持久性是顶级的

浓郁的黑红色花色和雅致的莲座状花型，给人一种时尚的印象。黑月季被阳光灼伤后会稍微卷缩，但仍然不会失去它的美丽和高雅。开花的持久性在月季中属于顶级的。株型紧凑，非常适合盆栽。

分类: F	开花: 四季开花
花型: 莲座状	株高: 0.7~1m
花径: 7~9cm	株型: 直立株型·横张性

花坛　花盆

葡萄冰山

容易栽培的雅致紫色月季

带有紫色的深黑红色花瓣和深色的花芯一起，给人雅致的印象。从春季到秋季不停地开花，是开花性优异的品种。抗病性强，即使是新手也很容易栽培。是白色月季中的名花'冰山'（61页）芽变 3 次后诞生的品种。

分类: F	开花: 四季开花
花型: 半重瓣	株高: 1m
花径: 7~8cm	株型: 直立株型·半横张性

花坛　花盆　容易栽培　抗病

藤本法国花边

适合花架的白色月季

象牙白的花色给人素雅的印象。枝条虽细，但坚硬结实，能长到3m的长度。四季开花，春季之外也能观赏到花朵。花很美，适合牵引到大型花架或墙面上观赏。

分类：CL	开花：四季开花
花型：波浪状花瓣	枝长：3m
花径：10~12cm	株型：藤本株型

拱门　墙面　花架

夏日回忆

秋季盛开的浪漫花朵

富有光泽的象牙白色花瓣呈莲座状盛开，是很有魅力的藤本株型月季。秋季的花朵较大，能开出蓬松柔美的杯状花朵。枝条柔软，呈半藤半灌状伸展。叶子深绿色。是抗黑斑病能力强的品种。特别适合沿着栅栏种植。

分类：S	开花：四季开花
花型：莲座状～杯状	枝长：2m
花径：8~10cm	株型：可藤可灌株型·直立性

花坛　栅栏　容易栽培　抗病

藤本冰山（藤冰山）

演绎出自然的景观

冰山（61页）的芽变品种。继承了亲本的优点，花多，植株强健。枝条长得好的话，能够重复开花。笋芽（新枝条）不会更新，能营造出自然的景观。

分类：CL	开花：一季开花
花型：半重瓣	枝长：2~3m
花径：5~8cm	株型：藤本株型

花架　墙面　容易栽培

克里斯蒂娜

丝绸般的精致花朵，令人陶醉

中间为紫丁香粉色，向外侧逐渐变为纯白色。给人纤弱感觉的杯状花朵成簇开放。花香让人联想到柠檬的香味。抗病性强，尤其对白粉病和黑斑病有着很强的抗性。直立性的可藤可灌株型月季，也可以作为小型的藤本株型月季使用。即使直立牵引也能开出大量的花朵。ADR 认证品种。

分类：S　　　开花：四季开花
花型：杯状　　枝长：1.8~2m
花径：8cm　　株型：可藤可灌株型·直立性

塔形花架　栅栏　容易栽培　抗病　耐寒　强香

浪漫艾米

株型紧凑、香气四溢

白底带粉色的花瓣呈圆形盛开，柔美的花型给人一种温柔可爱的感觉。带有淡淡的茶香味。枝条少刺、柔软，适合作为小型的藤本株型月季使用。即使直立牵引，也能开出大量 3~5 朵一簇的花朵，从植株底部一直开到枝条顶端。英语花名为" Ami Romantica"，其中的"Ami"在法语中有女朋友的意思。

分类：CL/S　　开花：四季开花
花型：浅杯状　枝长：2m
花径：7~8cm　株型：可藤可灌株型·藤本性

塔形花架　拱门　栅栏　容易栽培　耐热　抗病

保罗的喜马拉雅麝香

枝条长，适宜密集牵引

淡桃粉色的花瓣，有着重瓣到半重瓣的花型，能营造出樱花般的气氛。辛辣香型。枝条有很强的伸展力，不适合种植在狭窄的场所。在宽阔的场地进行牵引后，能开出大量的花朵。

分类：HMsK/R	开花：一季开花
花型：重瓣~半重瓣	枝长：3~4m
花径：5cm	株型：藤本株型

墙面　凉亭　容易栽培

佩内洛普

有大量成簇盛开的花朵

杏色中带有淡粉色的花色具有一种含蓄的美。成簇大量开花，由于笋芽（新的枝条）不会更新，要注意保留细小的枝条。叶子深绿色，能很好地衬托出花色。

分类：HMsK	开花：重复开花
花型：半重瓣平展状	枝长：1~3m
花径：6cm	株型：可藤可灌株型

栅栏·墙面　容易栽培　容易栽培

邱园漫步者

可爱又生长旺盛的藤本株型月季

粉色花瓣，基部为白色。成簇开放，每簇能开出大量可爱的单瓣花朵。生长旺盛的藤本株型月季，非常强健。修剪掉老枝后会长出笋芽，从而更新枝条。

分类：R	开花：一季开花
花型：单瓣	枝长：3~5m
花径：3cm	株型：藤本株型

拱门　墙面　凉亭　容易栽培

芭蕾舞女

藤本株型月季的经典品种

淡粉色的花朵,中心为白色,给人可爱的印象。四季开花的藤本株型月季的经典品种,有着皮实、好养的优点。叶子黄绿色,略有光泽。要想植株开出更多的花,要勤摘残花。

分类:HMsK	开花:四季开花
花型:单瓣浅杯状	枝长:1~2m
花径:小型花	株型:藤本株型·半藤本性

花坛　栅栏　拱门　塔形花架　容易栽培

西班牙美女

有着优雅香气的藤本株型月季

波浪状的花瓣给人优雅的印象。有着大马士革系的强烈芳香,是带有香味的藤本株型月季中人气很高的品种。花朵会微微垂头,枝条伸展力强,最适合用于大型花架或墙面、凉亭等。

分类:CL	开花:一季开花
花型:半重瓣杯状	枝长:2~3m
花径:13cm	株型:藤本株型

凉亭·花架　墙面　容易栽培　强香

藤本历史

柔美可爱的藤本株型月季

柔软的粉色花瓣呈球状绽放,随着开花会变成莲座状。圆滚滚的大花苞和美丽的灰绿色叶子非常有魅力。可以牵引到墙面或大型的花架上。

分类:CL	开花:一季开花
花型:圆瓣球状~莲座状	枝长:3m
花径:10~12cm	株型:藤本株型

墙面　花架　容易栽培

龙沙宝石

在日本最受欢迎的藤本性月季

有着美丽的古典花型和中心为粉色的淡色调花色的人气品种。有分量感的大型花朵在春季能开满整个植株，非常美丽壮观。即使冬季进行修剪，也不会影响其开花。根据天气和气候的不同，粉色的深浅会有差别。花名源自被称为"爱情诗人"的法国著名诗人彼埃尔·德·龙沙的名字。入选世界月季联合会的月季名人堂。

分类: CL/S	开花: 重复开花
花型: 杯状	枝长: 2~3m
花径: 10~12cm	株型: 可藤可灌株型·藤本性

墙面　花架　容易栽培

罗森道夫

适合拱门的四季开花型月季

粉红色的波浪状花瓣，洋溢着优雅的气氛。开花持久、枝条粗壮的强健品种。笋芽（新枝条）不会更新，老枝条上也会开花。富有光泽的叶片将花衬托得更有魅力。虽然枝条伸展缓慢，但在温暖地区可作为藤本株型月季使用。

分类: S	开花: 四季开花
花型: 波浪状花瓣平展状	枝长: 2~3m
花径: 10cm	
株型: 可藤可灌株型·直立性	

花坛　拱门　墙面　容易栽培

藤本摩纳哥公主

带有女王气质的大型攀缘月季

植株高大，白底带有粉色镶边的花朵，有着优雅华丽的美。适合牵引到墙面种植。是'摩纳哥公主'（72 页）的芽变品种。有时枝条会有返祖（恢复母本植株的性质）现象发生，变成四季开花。

分类：CL	花径：8~13cm
枝长：2~3m	花型：半剑瓣高芯状
开花：一季开花	株型：藤本株型

墙面

梦幻褶边

有着艺术美感的小型攀缘月季

花瓣的正面为粉色，背面为白色，色彩对比非常美丽，是能开出大型花朵的品种。有缺刻的波浪状花瓣，营造出独特而华丽的气氛。在温暖地区枝条伸展力好，可作为藤本株型月季使用。枝条纤细，很容易牵引。

分类：CL/S	花径：8~10cm
枝长：2m	花型：有缺刻的波浪状花瓣
开花：重复开花	株型：可藤可灌株型 · 藤本性

塔形花架　栅栏

羽衣

适合寒冷地区栽培

柔软的桃色花朵开满枝头。开花的样子如同其花名"羽衣"一样。从春季到秋季，开花不断。抗病性优异，耐寒性强，非常适合在寒冷地区种植。

分类：CL	开花：四季开花
花型：剑瓣高芯状	枝长：3m
花径：10~12cm	株型：藤本株型

墙面　花架　容易栽培　耐寒　抗病　中香

玛丽·亨丽埃特

耐寒，耐热，抗病性强

花色为粉色，花型为蓬松的四分莲座状。即使直立向上牵引，也能从植株底部到枝头开满大量的花朵。耐寒性、耐热性都很强，特别是对白粉病和黑斑病有很强的抗性。虽然属于可藤可灌株型中的直立性的类型，但是可以作为藤本株型月季使用。花名取自与培育该品种的科德斯家族关系亲密，活跃于月季界的一位女性的名字。ADR 认证品种。

分类：S	开花：重复开花
花型：四分莲座状	枝长：2~2.5m
花径：9~10cm	株型：可藤可灌株型·直立性

花坛	塔形花架	拱门	容易栽培	耐热	耐寒	抗病	强香

安吉拉

密集开放的小型花

可爱的杯状小型花密集开放，形成大型的花簇，能长时间观赏。在温暖地区可作为藤本株型月季使用，但如果在冬季剪短枝条，就能和直立株型月季一样开花。底部笋芽（粗壮的新枝条）长大后会长出花苞。ADR 认证品种，十分强健。

分类：CL/S	开花：四季开花
花型：杯状	枝长：3m
花径：4~5cm	株型：可藤可灌株型·藤本性

花坛	塔形花架	拱门	花架	栅栏·墙面	耐热	容易栽培

法国礼服

古典而沉稳的花色是其魅力所在

蓬松飘逸的花瓣，散发着古典的成熟气息。
花色从鲜艳的粉色，渐渐变为偏古铜色的粉色。
很容易长出笋芽（新枝条），能进行各种各
样的造型。

分类: S　　　　　开花: 四季开花
花型: 波浪状花瓣杯状　枝长: 1.5~2.5m
花径: 8~10cm　　　株型: 可藤可灌株型

塔形花架　拱门　栅栏·墙面

小宝贝

非常适合小空间的月季

玫粉色的小花大片盛开。枝条纤细柔软，不
容易折断。在需要紧凑造型的场合，可以通
过修剪来实现。可以盆栽或作为地被植物
种植，也可以作为小型藤本株型月季种植，
用途广泛。花名在德语中是"小宝贝"的
意思，十分贴切地描述出它小巧可爱的感觉。
ADR 认证品种。

分类: CL/S　　　开花: 重复开花
花型: 圆瓣平展状　枝长: 1m
花径: 3cm
株型: 小型可藤可灌株型·藤本性

花坛　花盆　塔形花架　栅栏　容易栽培　抗病

香草覆盆子

轻盈的枝条上开出大型的花朵

玫粉色的底色上带有紫红色的条纹。香气为微弱的青苹果味。开花持久，每根枝条从基部到枝头能开出数朵花。刺较少，容易使用，而且枝条很柔软，很容易弯曲造型，适合牵引到拱门或栅栏上，制作出多种多样的造型。

分类：CL	开花：重复开花
花型：圆瓣莲座状	枝长：2.5~3m
花径：9~11cm	株型：藤本株型

塔形花架　拱门　栅栏·墙面

藤本乌拉拉

鲜艳明亮的粉色花

有着令人惊艳的亮粉色花色。一根枝条上能开4朵左右的花朵。即使直接向上牵引，下方也会长出花苞，达到良好的平衡。刺较少，容易管理，也方便进行牵引。

分类：CL	花径：8~10cm
枝长：2.5~3m	花型：圆瓣
开花：重复开花	株型：藤本株型

拱门　栅栏

藤本圣火

白色和红色的对比美

花朵巨大，完全盛开时能表现出强大的气场。因为很多枝条会出现返祖现象，恢复四季开花属性，所以整体给人四季开花的印象。较少产生笋芽（新枝条），因此要珍惜会开花的老枝条。

分类：CL	花径：12~13cm
枝长：3m	花型：半剑瓣高芯状
开花：一季开花	株型：藤本株型

拱门　墙面

藤本笑脸

黄色系月季中的大型品种

简洁的花朵适合自然风的庭院。是黄色系月季中少有的具有强抗病性的品种。枝条壮实后能够重复开花。生长旺盛，容易长成大型植株，适合牵引到大型构筑物上。

分类：CL	花径：10cm
枝长：3m	花型：圆瓣平展状
开花：重复开花	株型：藤本株型

花架　墙面　容易栽培　抗病

藤本金兔

很受欢迎的黄色藤本株型月季

黄色的藤本株型月季一直以来都非常受欢迎。如果想营造出华丽的气氛，那么这款月季十分值得入手。3~5朵花一簇盛开。特点为皮实、好养，笋芽（新枝条）不会更新，老枝条上也会开花。

分类：CL	花径：8~10cm
枝长：2~3m	花型：圆瓣杯状
开花：重复开花	株型：藤本株型

塔形花架　墙面　容易栽培

科德斯庆典

从黄色变成玫红色的巨型花

花初开时为黄色，慢慢地从花瓣边缘开始变成玫红色。直径可达 15cm 的巨型花朵，在夏季看起来也很壮观。枝条呈直立性伸展，在寒冷地区表现为直立株型月季，在温暖地区表现为藤本性的可藤可灌株型月季。温暖地区冬季修剪到 1~1.5m 的高度，就会变成直立株型的植株。

分类：S	开花：重复开花
花型：圆瓣莲座状	枝长：2~2.5m
花径：12~15cm	株型：可藤可灌株型·直立性

花坛　栅栏·墙面　中香

索莱罗

颜色柔和的花布满枝头，和草花十分相配

虽然花瓣较多，但花朵小巧、花色为清爽的柠檬黄色，给人轻盈的感觉。花瓣结实，开花持久。有着清新的茶香味。亮绿色的叶子和紧凑的植株营造出明快的气氛。花名是从让人联想到太阳的词汇中提取出来的。ADR 认证品种。

分类：CL/S	花径：7~8cm	枝长：1.5m
花型：莲座状	开花：四季开花	株型：可藤可灌株型·藤本性

花坛　花盆　塔形花架　栅栏　容易栽培　耐寒　中香

黄油硬糖

大型花，独特的花色很有魅力

特征为带有奶油色的茶色花色。大型花，开花性好，有时会成簇开放。枝条柔软，容易牵引，最适合用于拱门。具有耐寒性，适合在寒冷地区种植。推荐给想种植有独特个性的藤本株型月季的花友。

分类：CL	花径：10~11cm
枝长：2.5m	花型：半剑瓣平展状
开花：四季开花	株型：藤本株型

拱门　栅栏·墙面　花架　耐寒

洛可可

柔和的杏色很优美

柔和的杏色波浪状花瓣给人优美的印象，是非常受欢迎的品种。耐寒性优异，在寒冷地区可作为直立株型月季使用。属于可藤可灌株型中的直立性类型，枝条坚硬，不容易弯曲，适合牵引到宽阔的墙面上。

分类：S　　　　　　　花径：11~14cm
枝长：3m　　　　　　花型：波浪状花瓣
开花：重复开花　　　株型：可藤可灌株型·直立性

墙面　耐寒

追星者

橙色的花竞相开放

大型花，带有橙色的黄色系花呈半剑瓣高芯状开放，很有气势。枝条粗壮，抗病性优异，尤其对于黑斑病有很强的抗性，是比较容易栽培的皮实品种。

分类：CL/S　　　　　　开花：重复开花
花型：半剑瓣高芯状　　枝长：2~3m
花径：8~10cm　　　　　株型：可藤可灌株型·藤本性

拱门　栅栏　容易栽培　耐寒　抗病

沉默是金

鲜艳夺目的小型花

花苞为橙色，开花时变成鲜艳的金黄色。随着开花，花瓣的背面会变成薰衣草色。小型花品种，朴素的可爱是其魅力所在。长势旺盛，伸展力强。有美丽的、有光泽的叶片，抗病性优异。花名源于欧洲的谚语"沉默是金"。

分类：S　　　　　　开花：重复开花
花型：圆瓣半重瓣　　枝长：2m
花径：4cm　　　　　株型：可藤可灌株型·直立性

花坛　拱门　栅栏　抗病

撒哈拉'98

在阳光下能更好地显现美丽的花色

在开花过程中，花色会从黄色变成橙色。花开最盛的时候，能打造出壮丽的景色。秋花效果也非常好，强健，容易栽培。在光照良好的场所，能展现出美丽的颜色。根据气候不同，红色会变深。

分类: CL/S	花径: 9~10cm
枝长: 2.5m	花型: 圆瓣平展状
开花: 四季开花	株型: 藤本株型

拱门　栅栏　容易栽培　耐寒

擂鼓

橙色和红色的花朵交织在一起开放

能同时观赏到橙色和红色的花朵，十分有趣。四季开花，秋花也开得很好。耐寒性优异，适合在寒冷地区栽培。推荐用于拱门或墙面等。

分类: S	花径: 7~11cm
枝长: 1~2m	花型: 半剑瓣平展状
开花: 四季开花	株型: 可藤可灌株型·直立性

拱门　墙面　耐寒

藤本红桃 A

美丽纯粹的红色花

纯粹的红色花色和工整的花型，在众多的红色月季中也是少见的美丽。开花持久，刺少。叶子深绿色，把红色的花衬托得更加亮丽。

分类: CL	开花: 一季开花
花型: 半剑瓣高芯状	枝长: 3m
花径: 10~11cm	株型: 藤本株型

墙面

夏日黄昏

枝条柔软的红色月季

5 片花瓣的单瓣花朵闪耀着红色的光辉，黄色的雄蕊是其亮点。枝条非常柔软，推荐种植在高台处，使其垂吊下来开放。植株强健，容易栽培。因为枝条匍匐伸长，所以推荐用作地被植物或用于矮栅栏等处。花名在德语中为"夏天的傍晚"的意思。ADR 认证品种。

分类：CL/S	开花：重复开花
花型：圆瓣单瓣	枝长：2m
花径：5cm	株型：可藤可灌株型・藤本性

拱门　塔形花架　栅栏　凉亭　容易栽培　抗病　耐寒

血色苍穹（绯红天空）

始终保持清澈的红色

无论哪个季节都呈现美丽清澈的红色，即使在寒冷地区也不会变色。大型花，一根枝条上能开出 3 朵左右的花簇。秋季，花也能开得很好。抗病性优异，尤其是对于黑斑病和白粉病具有很强的抗性。

分类：CL/S	开花：四季开花
花型：波浪状花瓣平展状	枝长：2~3m
花径：9~11cm	株型：可藤可灌株型・藤本性

塔形花架　拱门　栅栏　抗病

热恋（痴情）

花名"lovestruck"意为"热恋中、陷入情网"

花色为美丽的玫红色，四季开花。因为枝条会呈半藤半灌状大面积地展开，所以适合放射状牵引到花格子架上。此外，还可以作为大型的可藤可灌株型月季种植。是抗病性优异的品种。

分类：CL/S	开花：四季开花
花型：圆瓣高芯状~平展状	枝长：2~2.5m
花径：10cm	
株型：可藤可灌株型・藤本性	

塔形花架　拱门　栅栏　抗病　中香

鸡尾酒

多种牵引方式，用途多样

花朵中心的黄色部分，在开花的第二天会变成白色，所以能同时观赏到黄色和白色的眼睛（斑点）。抗病性优异，开花性好，即使在冬季修剪也能开花。枝条纤细，可以牵引到拱门或栅栏上观赏。入选世界月季联合会的月季名人堂。

分类：CL/S　　　　开花：四季开花
花型：单瓣圆瓣平展状　枝长：2m
花径：6~8cm
株型：可藤可灌株型·藤本性

塔形花架　拱门　栅栏·墙面　花架　容易栽培

挚爱

热情浪漫的红色月季

有着剑瓣高芯状花型的正统派红色月季。氛围正如花名"挚爱"一样，热情而又浪漫。花蕾很漂亮，一簇能开出 2~3 朵花。抗病性优异，容易栽培，是可以种植在寒冷地区花坛中的珍贵品种。ADR 认证品种。

分类：S　　　　　开花：四季开花
花型：剑瓣高芯状　　枝长：1.8m
花径：8~9cm　　　　株型：可藤可灌株型·直立性

花坛　墙面　容易栽培　抗病　耐寒

红色龙沙宝石

鲜艳的紫红色花色和浓郁的花香，华丽动人

大型的花朵、鲜艳的紫红色花色，充满华丽感。恰到好处的浓厚香味被评价为"紫罗兰香中混合着辛辣香的大马士革香"。四季开花性好，一根枝条上能开出 1~5 朵花。冬季即使修剪得很短，春季也能开花。

分类：S	花径：10cm
枝长：1.8~2m	花型：莲座状
开花：四季开花	株型：可藤可灌株型 · 直立性

花坛　塔形花架　拱门　栅栏　强香

瓦尔特大叔

一直以来深受人们喜爱的红色月季名品

大型花，花型为剑瓣高芯状。开花性好，皮实，耐寒性优异。虽然是可藤可灌株型中的直立性的类型，但是枝条容易弯曲造型，牵引到栅栏或墙面上的效果非常棒。枝条从入秋开始迅速伸展。

分类：S	开花：四季开花
花型：剑瓣高芯状	枝长：3~4m
花径：13cm	株型：可藤可灌株型 · 直立性

栅栏·墙面　耐寒

红陶

雅致的色彩，极具魅力

花色为雅致的砖红色（红陶色），花型为整齐的剑瓣高芯状。花瓣结实，大约有 40 枚。枝条坚硬，属于可藤可灌株型中的直立性的类型，需要缓慢地进行牵引。如果想将枝条牵引到墙面上，应将枝条呈放射状展开。

分类：S　　　　　　开花：四季开花
花型：剑瓣高芯状　　枝长：2m
花径：11cm
株型：可藤可灌株型·直立性

花坛　墙面

紫晶巴比伦

有红色眼睛（斑点），魅力四射的月季

花瓣的基部有红色或深紫色的眼睛（斑点），是最新杂交出来的品种之一。一簇能开出 7 朵左右的花，开花性好，花期长。植株很小时就能开花。容易结果，须及时修剪残花，才能观赏到更多的花朵。和其他的"巴比伦"系列月季相比，特征是刺少，容易使用。即使冬季修剪得比较短，春季也能开花。

分类：CL/S　　　　开花：四季开花
花型：平展状　　　　枝长：1.8~2.3m
花径：6~8cm
株型：可藤可灌株型·藤本性

花坛　塔形花架　拱门　栅栏　容易栽培　抗病

紫红天空

戏剧性的花色变化

半重瓣花，花色为紫红色，花瓣圆形。开花过程中，花色从紫红色变为酒红色，最后会晕染上蓝色，花色变化极富戏剧性。香味怡人，四季开花性强。因为开花枝条较长，所以花枝和道路的间距应保持 70cm 以上。

分类：CL/S	开花：四季开花
花型：圆瓣半重瓣	枝长：1.8m
花径：8~10cm	
株型：可藤可灌株型·藤本性	

拱门　栅栏　塔形花架　中香

梦想家

一直能观赏到秋季的紫色月季

深紫色的花朵，10 朵左右一簇开放。枝条上的刺较少，坚硬结实。能长到 3m 左右，最适合用于塔形花架或花柱。四季开花性强，能一直开花到秋季。深绿色的叶子很厚实，可凸显出紫色的花色。开花枝条较长，应和道路保持 70cm 以上的间距。花名在西班牙语中是"梦想家"的意思。

分类：S	开花：四季开花
花型：圆瓣平展状	枝长：2~3m
花径：6cm	株型：可藤可灌株型·直立性

塔形花架　栅栏　抗病　中香

霍勒大妈

洁白如雪的白色月季

纯白色的 5 瓣花朵，能开出一树繁花。花朵散落后，铺满一地花瓣，仿佛白雪一般。叶片深绿色、有光泽，能凸显出花朵的洁白。大型的可藤可灌株型月季，不仅耐寒性强，抗病性也很出色。花名源自格林童话。ADR 认证品种。

分类：S　　　　开花：四季开花
花型：单瓣　　　株高：1m
花径：7cm
株型：可藤可灌株型·横张性

花坛　容易栽培　耐寒　抗病

水晶仙女

容易栽培的小型白色月季

'小仙女'（113 页）的芽变品种，能开出白色的小型花朵。继承了'小仙女'的四季开花的特性，开花持久，容易栽培。适合在大型花盆中种植。

分类：Min/S　　　开花：四季开花
花型：圆瓣　　　株高：0.7~0.9m
花径：3~4cm　　 株型：可藤可灌株型

花坛　花盆　塔形花架　栅栏　容易栽培　耐寒

白梅蒂兰

用途多样的白色月季

如同古典月季般的花朵，仅一朵花就能描绘出诗情画意。花瓣厚实，耐雨淋。即使修剪后也能开出很棒的花朵。可以用作地被或是用于较矮的栅栏、塔形花架等，用途多样。

分类：S　　　　花径：7cm
株高：0.6~1m　 花型：绒球状
开花：四季开花　株型：可藤可灌株型

花坛　花盆　塔形花架　栅栏

可爱的玫昂

集中种植，能打造出华丽的花园

花色为水粉色，花朵略微垂头，成簇开花。香气很淡。属于花量较大的品种，在庭院里集中种上数棵，给人一种非常华丽的印象。牵引到塔形花架上也非常漂亮。

分类：S　　　　　开花：重复开花
花型：半剑瓣　　　株高：0.8m
花径：6~8cm　　　株型：可藤可灌株型

花坛　花盆　塔形花架　栅栏　容易栽培

夏日清晨（婴儿毯）

不停地开花

柔粉色的花朵不断开放。香气微弱。开花性良好，是能长出许多笋芽（新枝条）的强健品种。因为不会结果实，所以省去了摘除残花的工夫。牵引后可作为藤本株型月季使用。

分类：S　　　　　开花：四季开花
花型：半重瓣平展状　株高：0.6~0.8m
花径：5~7cm　　　株型：可藤可灌株型·半横张性

花坛　花盆　塔形花架　栅栏　容易栽培

粉红樱花（粉红莎可琳娜）

如樱花般的月季

花瓣为如樱花般的心形，单瓣。开花后，花色从粉色变为樱花色。开花性好，一簇能开出1~15朵花。英文花名为"Pink Sakurina"，"Sakurina"一词有"如樱花般的月季"的意思。

分类：S　　　　　开花：四季开花
花型：单瓣　　　　株高：0.8~1m
花径：8cm
株型：可藤可灌株型·横张性

花坛　容易栽培

111

玫兰宾果（宾果梅蒂兰）

可爱的粉色单瓣花朵

柔粉色的单瓣花朵，一簇能开出
8~20朵花。在花朵的中心，能看到
可爱的黄色花蕊。开花性非常好，抗
病性优异。可作为小型的藤本株型月
季使用。ADR认证品种。获得全美
月季优选奖（AARS奖）。

分类：S　　　　　开花：四季开花
花型：单瓣　　　　株高：1.2~1.5m
花径：3~4cm　　　株型：可藤可灌株型

花坛　栅栏　耐寒　抗病

粉天鹅

推荐种植在生长环境恶劣的场所

花色为玫粉色，花型为莲座状。1簇
能开出8~15朵花。非常强健、抗病
性优异，适合种植在寒冷地区等生长
环境恶劣的地方。适合作为地被植物
使用或用于较矮的栅栏等。因为能重复
开花，所以有意味着"四季"的别名
"Les Quatre Saisons"。ADR认证
品种。

分类：S　　　　　开花：重复开花
花型：莲座状　　　株高：1~1.4m
花径：6~7cm
株型：可藤可灌株型·匍匐型

花坛　栅栏　容易栽培　耐寒　抗病

小仙女

皮实、花期长、四季开花的月季

可爱的圆瓣粉色花朵在枝条顶端呈圆锥形的花簇盛开。非常皮实，花期长，四季开花特征明显。不容易结果，因此不需要摘除残花。在寒冷地区和干燥地区都生长得非常好。

分类：Min/S　　　　开花：四季开花
花型：圆瓣　　　　　株高：0.7~0.9m
花径：3~4cm　　　　株型：可藤可灌株型·横张性

花坛　花盆　塔形花架　栅栏　容易栽培　耐寒

巴比伦公主

紫红色的眼睛（斑点）是亮点

花瓣粉红色，在花朵的中心可以看到原种波斯蔷薇特有的紫红色眼睛（斑点）。开花性特别好，一根枝条上能开出 10 朵左右的花。叶子有 5~7 片小叶，亮绿色、有光泽。抗病性优异，皮实。

分类：F/S　　　　开花：四季开花
花型：平展状　　　株高：1m
花径：5~6cm　　　株型：可藤可灌株型

花坛　花盆　抗病

薰衣草梅蒂兰

可爱，皮实，容易栽培

花瓣正面为淡粉紫色，背面为薰衣草色，杯状开花，给人可爱的印象。花朵能一直开到深秋。刺较少，枝条纤细直立，能长出很多笋芽（新枝条），笋芽不会过度伸长。抗病性优异，特别是对于黑斑病和白粉病的抗性很强，只需施基肥就能茁壮成长。在温暖地区的庭院里，如果不修剪的话，能长成直径 1.2m 的圆顶状。2006 年获得 ADR 认证。

分类：Min/S　　　　开花：四季开花
花型：杯状　　　　　株高：0.5~0.7m
花径：4~5cm　　　　株型：可藤可灌株型·半横张性

花坛　花盆　容易栽培　耐寒　抗病

艾拉绒球

给人怀旧的印象

深桃色的圆形花苞非常可爱，能开出
10~15 朵一簇的杯状花朵。在秋季开
出的花很大，呈绒球状，可持续开放
1 个月之久。带有一点苹果般的清爽
香气。叶片深绿色、有光泽，能很好
地衬托出花色。可用于拱门或塔形花
架等。ADR 认证品种。

分类：S/CL　　　开花：四季开花
花型：杯状　　　枝长：2m
花径：5~6cm
株型：可藤可灌株型·藤本性

花坛　塔形花架　拱门　栅栏　容易栽培　抗病　耐寒

卢波（咖啡果）

一簇花上的色彩渐变异常优美

花色从深粉色慢慢变成淡粉色，成簇
盛开的花朵有着渐变的层次美。一簇
能开出 40~50 朵小型花，开花性好。
对黑斑病具有很强的抗性，容易栽
培。株型紧凑，非常适合盆栽。ADR
认证品种。

分类：Min/S　　　开花：四季开花
花型：平展状　　　株高：0.5~0.6m
花径：3~4cm
株型：可藤可灌株型·半横张性

花坛　花盆　容易栽培　抗病　耐寒

月光巴比伦

有着独特视觉冲击力的月季

象牙黄色的花瓣边缘带有粉色镶边，花朵中心有着红色的眼睛（斑点），花型为平展状。生长旺盛，抗病性优异，尤其是对黑斑病和白粉病有很强的抗性。有大量油亮的绿叶。属于小型可藤可灌株型月季。

分类：Min/S　　开花：四季开花
花型：平展状　　株高：1m
花径：5cm　　　 株型：小型可藤可灌株型

花坛　花盆　抗病

樱桃梅蒂兰

盛夏时节也能大量盛开

花瓣仅有 5~8 片。红色的花朵中心带有白色斑点。花型为简洁的单瓣圆瓣平展状。容易栽培，伸展力优异。耐热性好，在夏季炎热的地方也能年年长大，是适合庭院种植的可藤可灌株型月季。

分类：S　　　　　花径：6cm
株高：1~1.8m　　花型：单瓣圆瓣平展状
开花：四季开花　株型：可藤可灌株型·半直立性

花坛　容易栽培　耐热

斯特拉波·巴比伦

红色的眼睛（斑点）很有魅力

鲜黄色的花朵中间带有鲜艳的朱红色眼睛（斑点）。中型花，一簇能开出 7~10 朵花。独特的刺也很有魅力。对黑斑病的抵抗力较弱，需要做好应对措施。

分类：F/S　　　花径：6~7cm
株高：1.2m　　 花型：圆瓣平展状
开花：四季开花　株型：可藤可灌株型·半直立性

花坛　花盆

薰衣草之梦
（梦幻薰衣草）

全部盛开时散发出野蔷薇的香气

淡紫色的小型花开满枝头。虽然一朵花的香气很微弱，但是整株盛开后会散发出清爽的野蔷薇香气。长势良好，容易栽培。适合作为小型藤本株型月季牵引到栅栏上，开花壮观。

分类：S　　　　　开花：四季开花
花型：圆瓣平展状　株高：1.2~1.5m
花径：3~4cm
株型：可藤可灌株型·横张性

花坛　塔形花架　拱门　栅栏　容易栽培　中香

蓝色阴雨（蓝雨）

有着温柔、纤细的气氛

柔美的珍珠紫色花瓣，呈莲座状成簇盛开，给人纤细的印象。生长旺盛，皮实。叶子小而可爱，衬托出花朵的美丽。适合用于较矮的栅栏或拱门，也适合在阳台等处盆栽。

分类：S　　　　　开花：四季开花
花型：莲座状　　　株高：1.5m
花径：6cm　　　　株型：可藤可灌株型

花坛　花盆　塔形花架　拱门　栅栏

第 4 章

月季 12 个月管理要点

这里是以日本关东以西的温暖地区（气候类似我国的东南沿海城市）的
气候作为基准进行解说。

季节会根据每年的气候不同而变化，仅供参考。

寒冷地区月季的开花时间会变晚，所以相应的管理工作也要推迟几个月。

月季的生长周期和管理流程

月季的管理操作要根据月季的生长周期来进行。生长周期主要分为生长期和休眠期。

根据生长周期进行管理工作

月季的栽培是从栽种花苗开始的，管理工作则从栽种的第二年开始就几乎是重复同样的周期。

直立株型月季、藤本株型月季、可藤可灌株型月季的管理工作基本一样，但修剪方法有所区别。管理工作要根据月季的生长周期进行，每个季节进行适当的管理。

月季的生长是指越冬的芽在春季萌发，生长枝叶，持续生长，然后开花的过程。这样连续的生长过程叫做"生长期"。

生长期是生枝长叶、开花结果的不断变化着的时期。这段时期，根据管理的不同，其生长状况也会有很大的变化。在花蕾开放之前，越早把顶端摘掉，越能促进植株生

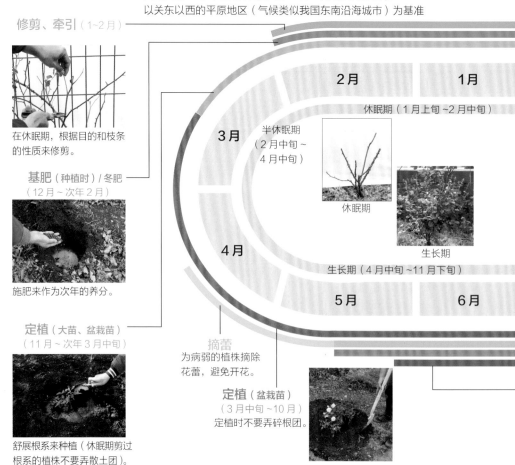

月季的生长周期和管理工作（庭院栽培）
以关东以西的平原地区（气候类似我国东南沿海城市）为基准

修剪、牵引（1~2月）
在休眠期，根据目的和枝条的性质来修剪。

基肥（种植时）/**冬肥**
（12月~次年2月）
施肥来作为次年的养分。

定植（大苗、盆栽苗）
（11月~次年3月中旬）
舒展根系来种植（休眠期剪过根系的植株不要弄散土团）。

2月　　1月

休眠期（1月上旬~2月中旬）

3月　　半休眠期
（2月中旬~4月中旬）

休眠期

生长期

4月

生长期（4月中旬~11月下旬）

5月　　6月

摘蕾
为病弱的植株摘除花蕾，避免开花。

定植（盆栽苗）
（3月中旬~10月）
定植时不要弄碎根团。

长，同时也越能抑制其开花。另外还需要在适当的时候采取施肥、浇水、预防病虫害等手段。

月季在冬季落叶之后生长停滞，进入"休眠期"，这时候可以修剪枝条和根系。如果在生长期将枝条和根系修剪得太多的话，容易枯死，需注意。一部分品种在夏季也会生长停滞，夏季修剪比较困难，轻微整形即可。

了解月季的开花周期

月季有一季（一次）开花、重复开花和四季开花的类型。一季开花是春季开放一次，下次开花要到第二年。四季开花则是在生长期内每35~60天开一次花。四季开花性越好，植株越容易衰弱，摘除残花的时候要尽可能保留较多的叶子。

可藤可灌株型月季有很多都是重复开花，重复开花和四季开花的不同点在于，即使知道第一次开花的时间，也不知道下一次什么时候开放。植株越健康，枝条越呈藤状伸展，反而越不容易开花。

越修剪枝条，植株会越弱。重复开花的可藤可灌株型月季长大后会变得强健，这时候削弱植株长势，就会容易开花，花谢后也可以强剪。

摘除残花
（5月中旬~11月）
开花后、花枯萎前将花摘下。

12月　**11月**　**10月**

休眠期（11月下旬~次年1月上旬）

半休眠期

开花期
一季开花的月季，开花期为春季；
四季开花、重复开花的月季，开
花期为春季~初冬

防雪、防寒
（10~11月）
寒冷地区要用防寒布来覆盖，以防雪、防寒。

笋芽的处理
（5月中旬~9月）

9月

生长期（4月中旬~11月下旬）

7月　**8月**

用手摘除长而粗的笋芽的尖端。
※藤本株型品种不需要处理。

夏季的浇水、防风工作
（7~10月）

追肥（感谢肥）
（5月下旬~6月）
开花后，为了促进植株生长，对于盆栽月季和完全四季开花的直立性月季进行追肥（生长旺盛的品种不需要追肥）。

担心盆栽月季干的话可以一天浇水两次。有台风经过的地区，要把植株绑起来。

月季喜欢的环境 | 日照时间越长，月季开花越多。根据庭院的环境，选择种植的最佳地点。

尽量选择日照时间长的地方

月季喜欢阳光充足的地方，日照时间越长，月季开花越多。所以要选择在月季有叶子的季节，一天能有 3 个小时以上的日照的地方种植。

就方位而言，朝东和朝南的庭院比较容易满意日照条件。这两个方位的庭院一般是什么月季都可以种。

朝西的庭院，特别是在盛夏的午后会有西晒，一般认为不适合种植月季。但是如果在西晒不强、通风好的地方，或是有树荫的明亮场所，也可以种植月季。

屋子的北面，如果夏天能够晒到早晨和黄昏的太阳，就可以种植月季。因为这个时期，太阳靠北升起和落下，如果朝阳和夕阳不会被遮挡的话，也可能满足日照条件，所以北侧也可以考虑。日照不好的地方推荐种植强健的可藤可灌株型月季和藤本株型月季。

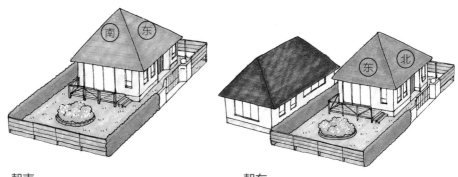

朝南
整天都光照充足，是最好的方向。朝南的庭院适合月季生长，一般来说，任何月季都能种植。

朝东
一天只有 3 个小时左右的光照的半阴场所。日照时间越短，开花越少。

朝北
只要不挡到夏季的朝阳和夕阳，就可以种植月季。

朝西
盛夏的西晒比较强烈。如果因为被墙壁环绕而有强烈的反光的话，会导致生长不良。能避免这些问题的话，也可以种植月季。

观察月季的状态，考虑雨水和通风

在确保了日照后，下面要考虑雨水和通风的问题。受这些因素影响，月季可能会患上代表性疾病：白粉病和黑斑病。如果只是少许的病害，不改变种植地点也没问题。但是病害严重的时候，需要重新选择位置移植。

因为白粉病容易在寒冷的空气流通的场所发生，所以可以通过移植到阳光充足的地方来应对。而黑斑病多在雨水多的地方发生，可以把月季移植到光阳充足的墙角等不容易淋到雨的地方。

不同品种对于疾病的抗病性强弱存在差异，即使是同一品种，根据栽培的地区和环境的不同，其容易患病的程度也会发生变化。即使是抗病性强的品种，也只能作为参考，还需要根据实际情况来判断。在进行了上述处理之后依然不奏效的话，就要考虑喷洒药剂。

另外，需要经常关照的月季，最好种植在每天要经过的地方，这样可以经常观察它。

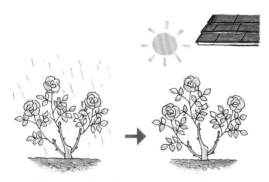
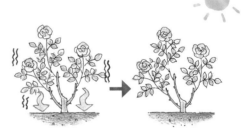

黑斑病的应对方法
叶子长期处于湿漉漉的状态下就容易感染黑斑病。为避免黑斑病的发生，可以将其移到阳光充足的墙角或屋檐下等能遮雨的地方。也可选择抗黑斑病的品种，或在叶子生长期喷洒防黑斑病的药剂。

白粉病的应对方法
改善日照条件，使植株远离寒冷的空气流动的地方，可以减少白粉病的发生。尽管如此，如果染病严重，就需要重新审视自己选择的品种，或在叶子幼嫩时喷洒适合的防白粉病的药剂。

抗病性差的月季的种植地点
种植在每天都要经过的地方，以便及时发现病害或害虫并立即处理，这样月季植株之后的生长也会改善。

土壤和肥料的作用

栽培月季时，土壤和肥料是必不可少的。要提供适宜的土壤环境和肥料，以保障其成长。

排水性、保水性好的土壤，有利于月季健康成长

栽培月季的理想土壤，是处于排水性、保水性俱佳的状态，并且含有月季生长必需的养分。

庭院栽培时，在休眠期施用堆肥，能培育出很多小虫子和微生物，从而改良土壤，使坚硬的土壤变得松软起来。

盆栽时则应该在最初就选择排水性、保水性俱佳，细菌少的清洁土壤或是营养土来栽培，这样的土壤排水性好，不需要盆底石。不过，如果选用的花盆下面的排水孔过小，还是要使用盆底石。

肥料可为月季补充养分

月季的根系吸收溶于水的养分，以太阳光为能量，长出枝、叶和花。植物没有肥

配土的材料

盆底石
把鹿沼土等大颗粒的土铺在花盆底部，可以促进排水。可在盆底孔较小时使用。

营养土（盆栽）
为了促进月季生长，事先把几种基质混合在一起做成营养土。有时其中也会混入肥料。

堆肥（庭院栽培）
是以草食性家畜的粪便或植物为原料制作而成的肥料。除了在种植时使用外，还可以作为基肥、冬肥使用。有牛粪堆肥、树皮堆肥等。

好的土壤应具备的条件

活跃的生物活动
富含微生物、蚯蚓等多种生物，这些生物的活动让土壤变得松软，也使植物不容易生病。

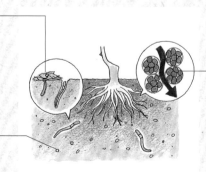

排水性和保水性良好
应选择团粒结构的土壤。由土壤颗粒聚合而成的团粒结构，颗粒之间能聚集水分，具有良好的保水性。颗粒之间的缝隙又能让水和空气透过，有良好的排水性。土质松软。

含有肥料
含有月季生长所需的养分。但主要的肥料还是后期人工加入的。

料不会枯萎，施肥太多反而会烧根，导致植株枯萎。在月季健康成长的时候要施肥，在其生病和生长缓慢的时候要控肥。

务必阅读肥料袋子上写着的 3 个数字，它们代表肥料中不可缺少的三大要素的含量。例如"8~8~8"，这三个数字从左到右分别代表氮、磷、钾的含量，即在 100g 该肥料中氮、磷、钾各含 8g。月季专用肥中，这三种元素的比例一般是按月季生长所需来配制。

另外，肥料分为化学合成的"化学肥料"和以动植物原料制成的"有机肥料"。无论是哪种肥料，都有月季专用的类别。

庭院栽培月季适合用缓释长效、可以改良土壤的有机肥料。

盆栽每次浇水时都会有肥料从盆底流出，为了不使月季缺肥，要遵守肥料的用法、用量。

生长前用的肥料叫做基肥，也叫冬肥，生长期用的肥料叫做追肥。

本书中，基肥、冬肥使用的是缓释长效的固体肥料，追肥使用的是立刻见效的液体肥料。

化学肥料和有机肥料

有机肥料（玉肥）
半发酵的有机肥料压成固体后的产物。可以立刻生效，且肥效持久。

有机肥料
发酵好的可以立刻生效，常用作追肥；未发酵好的只能用作冬季庭院栽培的基肥。

化学肥料
缓释长效肥用作基肥和冬肥，速效肥用作追肥。

液体肥料和固体肥料

液体肥料
大部分是用原液加水稀释使用，立刻生效，可用作追肥。

固体肥料
颗粒状或是丸状的肥料，通常是用到土壤里缓慢生效。

肥料的标识

肥料袋子上用数字表示氮、磷、钾的含量，上图中的 N-8、P-8、K-8，代表氮、磷、钾的重量占整体肥料的百分比分别为 8%。

苗的类型

苗有好几种类型，最初栽培月季时，最好选择不容易失败的盆栽苗。

第一次栽培月季，推荐买盆栽苗

月季的苗有"大苗""盆栽苗""高苗"等种类。大苗一般在晚秋～冬季上市，盆栽苗和高苗几乎全年都有销售。除此之外，还有春季上市的"新苗"，但是除藤本株型月季外，其他的新苗管理起来有点困难，所以第一次栽培月季的话，请选择新苗以外的类型。

大苗是将从春季到秋季在田地里培养的新苗假植到细长的盆里后的苗。大苗一般是剪掉枝条后，以几乎没有叶子的状态上市，其开花的样子只能参考标签上的照片。

盆栽苗是将大苗在盆中栽培，可以在开花期看着花来选择喜欢的品种，在流通过程中不容易受伤，不马上移植也可以，适合初学者。

无论是直立株型、藤本株型，还是可藤可灌株型的盆栽苗和大苗都是大致相同的形态，想要立刻欣赏藤本株型、可藤可灌株型的话，可选择枝条较长的高苗。这种苗是新苗或是大苗在盆里培育了约一年的苗木。

苗的类型

高苗（6~10 号盆）
几乎全年有售。是将藤本株型、可藤可灌株型等品种的幼苗在盆中养大，枝条呈伸展状态，可立刻牵引。价格高。

盆栽苗（6~8 号盆）
几乎全年有售。是将大苗盆栽后的苗，可以在开花时确认花的状态后购入。只有叶子的状态下，可选择叶子繁茂的购买。价格稍高。

大苗（3.5~4 号盆）
晚秋～冬季上市。能开花的幼苗。根据品种不同，枝条的粗细、数量也不同。在专卖店购买这类苗比较放心。价格比较便宜。

标签的阅读方法

苗的枝条状态

光照到的一面比较繁茂

枝叶在光照好的一面比较繁茂，因而盆栽苗很容易发生枝条长偏的问题。

名字、颜色和枝条的性质

名字和花的性质

育种国家，公司名称，枝条的性质

花的大小，高度，香气

反面有栽培方法等。

左：信息较少的标签（专利标签）。
右：信息较多的标签。

浇水的基本知识

月季根系需要水和空气。浇水应遵循"干透浇透"的原则，即等到土壤干燥到出现空气、根系干燥之前充分浇水。

庭院栽培的月季，夏季要浇水数次；盆栽月季，夏季每天浇水一次，冬季每周浇水一次

对于月季来说，水分和阳光一样重要，但庭院栽培和盆栽的时候，浇水的频率是不一样的。

庭院栽培的时候，因为地下储存有水分，所以基本上不用浇水。但是，夏季长时间不下雨的话，需要1周浇水一次，浇水要浇透。

盆栽的时候，因为土量有限，很快就会干燥，所以夏天需要每天浇水。但是为了让盆栽土里含有空气，夏天以外要控制浇水次数，等土壤干透后再浇水。早春、晚秋大概隔1天浇一次水，冬季1周浇一次水。

无论庭院栽培，还是盆栽，在浇水时都应该遵循"干透浇透"的原则。很多人浇水失败，都是因为只浇湿了土壤表面，就结束了。浇水的诀窍是"浇则浇透"。

庭院栽培的浇水方法

管理的要点

水要浇到深处。像图上这样挖开土看一看，要让水充分渗透进去。

根系在地下的伸展面积跟地上部枝叶的伸展面积差不多，可根据地上部枝叶的伸展面积来充分浇水。庭院栽培的月季，只需要在夏季雨水少的时候浇水。

仅土壤表面湿了的状态

深度浇透的状态

充分浇水，使水渗透到根系的深处

根系不生长

盆栽的浇水方法

管理的要点

充分浇水，至水从盆底渗出为止。表面的水完全渗入土壤之后，再浇一次比较安心。

将盆中的土全部浇透。基本是土表面干透后就可以浇水了。春季和秋季隔1天浇一次，盛夏每天浇1~2次，冬季每周浇一次。

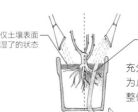

仅土壤表面湿了的状态

深度浇水后，水从盆底流出

充分浇水，直到水从盆底流出为止，这样水就渗透到了盆土整体。

除草

杂草最好在早期就清除干净，重要的是不要让月季的叶子被其他植物覆盖。

高大、繁茂的杂草对月季生长不利

妨碍月季生长的主要是高大、会在月季植株上投下阴影的杂草。月季周围高大的杂草、看起来影响美观的杂草一定要除掉。低矮的杂草一般可以不管，但是月季和草花混合种植的话，这些杂草会给草花的生长带来不良影响，也要清除。

秋冬季发芽的一年生杂草多数比较低矮，不会影响到月季的生长。高大的禾本科杂草、叶子肥大的草一定要除掉。

春夏季生长的杂草比较高大，除了叶子细小的杂草以外，其他的都要拔掉。

宿根性的杂草每年都会长大，要用铲子连根除掉。

草的种子有光照就会发芽，所以密集种植草花、不让阳光照到地面的话，草就不容易生长。

另外，还可以通过铺设防草布以及在土壤表面撒上碎石子或木屑的方法来预防杂草。采用这类方法时，要注意冬季施肥时要把覆盖物撤掉。

除草的要诀

不要留根

仔细观察会发现，杂草中有拔掉叶子又会从根部长出来的类型，这种类型的杂草要连根拔掉。还有少量会在土里蔓延的杂草，也要连根拔掉。记住上述类型的杂草，就不用将所有杂草连根拔掉了。

在幼小的时候除掉

在春夏季，杂草只需用小镰刀轻轻地削一下就会枯萎。在秋冬季，杂草即使割了也会在枯萎之前生出新根，要常常清除。

草根的生类型

长出1条主根

地下茎型

通过地下茎伸展来扩大领地的杂草，想要完全清除掉比较困难。

匍匐型

从一个植株中伸出匍匐茎，快速蔓延的类型。

须根型

根在地表扩展的类型，很多种类长大后不容易完全拔出。

直根型

除了根很深的蒲公英，其余的直根型杂草基本上拔掉就会死。

对月季生长有害或影响美观的草

藜
（春季发芽的一年生草本植物）

一年生草本植物。茎顶端的新叶带有白粉。根系为直根型，小株容易拔出，长成后的大株可达到1m多高，很难拔出，而且茎干很硬不易剪断，因而一发现就要立刻拔除。

春飞蓬（春一年蓬）
（宿根草本植物）

茎长得很长，顶端开有很多可爱的小花。因为其纤细的地下茎能迅速蔓延后群生，所以发现后要立刻除掉。虽然对大株的月季影响不大，但很难根除。尽量从植株比较小的时候就不断拔除，避免其蔓延。

牛筋草·升马唐
（春季发芽的一年生草本植物）

照片上的牛筋草很耐踩踏，难以除净。升马唐容易除掉，但是残留的匍匐茎很快会重新长出来。这两种杂草虽然对月季的生长影响不大，但是看起来不美观。

加拿大一枝黄花
（宿根草本植物）

开美丽的黄色花簇。能长到1~2m高，用种子和地下茎繁殖，发现后要立刻拔掉。近年来，这种杂草有减少的趋势。

艾蒿
（宿根草本植物）

早春长出的叶子可以做成艾草年糕。随着气温上升，会长出大型的直立茎。通过地下茎伸展而不断蔓延，要将地下茎挖掘出来丢弃。

鸡屎藤
（宿根草本植物）

一种全株散发臭气的草质藤本植物。藤蔓会将月季覆盖。4~7月开白色中心带紫红色的花，秋季会结出带有光泽的黄褐色果实。通过匍匐茎不断生根来扩张。

羊蹄（酸模）
（宿根草本植物）

天气变暖之后，茎会直立生长，顶端开出大型花穗，散布大量种子。能长到接近1m的高度，根系为像牛蒡一样的粗长根，很难拔出。虽然对月季的生长没有影响，但是大叶子不美观。

乌蔹莓
（宿根草本植物）

顾名思义，是一种会覆盖地面的藤本植物。地下茎长，被分割的数量越多，长出的新植株越多。尽量细心清除掉之后，再种植月季。

必备的工具

本页介绍盆栽和庭院栽培时通用的工具。
选择的要点是大小趁手、重量适宜。

绳索类
在牵引藤本株型月季时使用。
如果希望美观的话，可使用
麻绳等自然材料。如果希望
效率高，则可以用铁丝类。

皮手套
保护双手不被月季的刺扎
伤。也有长款的、能覆盖
到手肘的类型。选择厚的
橡胶手套也可以。

清洁剂
清洁剪刀和锯子上的
污垢，使其保持锋利。

锯子
修剪粗枝条时使用。锯
齿细密的锯子很容易锯
掉枝条，且断面干净。

修枝剪（单面）
用于修剪枝条和根系等。
尖端细，在剪细枝条时
很方便。

水桶
用来搬运水、土、肥
料和剪下的枝条等。

根锯
分开带土的根团时使用。

铁锹
定植和移植的时候挖
土用。

水壶
浇水用。可以取下壶嘴的款式
更方便使用。

花盆的选择方法

如果重视庭院的设计感的话，就选择气氛好、随着时间的流逝而更有味道的花盆；如果重视维护的便利性的话，就选择轻便且具功能性的花盆。

根据盆栽的目的，决定花盆的大小和材质

盆栽的时候，植株的大小要和花盆大小成正比。花盆大，大型植株可以健康成长，开花也多。

但是花盆越大，需要占用的空间越多，移动和移植也更费力。选择花盆的时候，要根据空间大小来决定花盆的大小。

不同材质的花盆，特征也各不相同。红陶盆虽然比较重，但是随着岁月的流逝会越来越有味道，能营造出自然的氛围。塑料盆质量轻，不需要盆底网，功能性强。另外，还有玻璃纤维和树脂制成的花盆，它们比红陶盆更轻，颜色和设计也很丰富。

花盆就像是月季的衣服一样，根据花盆的不同，月季给人的印象也会发生变化。根据放置地点的氛围，选择适合的大小和材质的花盆吧。

花盆的材质

玻璃纤维

虽然耐久性因产品而异，但重量较轻，外观很美，颜色和形状也很丰富。

塑料

虽然不耐用，但轻便、功能性强、价格低廉，颜色和形状都很丰富。

红陶

一般为明亮的橘红色。虽然很重，但经过岁月的洗礼会越来越有味道，能营造自然的氛围。

· 花盆要选择盆底大、不易被风吹倒的。
· 6~8号花盆每2年换一次土，10号以上的花盆每3~5年换一次土。

盆栽的必备工具

铲土杯

给花盆加土时使用。

花盆脚垫（花盆架）

外国制造的花盆，盆底是平的，脚垫可以避免根系直接接触到地面。

盆底网

为了避免漏土，将其剪成适合盆底孔的大小使用。

盆栽苗的定植（所有株型通用）

根和枝叶茂盛、充满活力的盆栽苗，是即使初学者也能轻松开始栽培的苗。

将嫁接口埋入土中，避免冻害和虫害

如果是第一次栽培月季，推荐选择盆栽苗。盆栽苗在温暖地区全年都能使用，在寒冷地区除了严冬期和积雪期之外，其余时期都能使用。

月季苗是用品种的枝条和芽来繁殖的。多数月季苗都是嫁接苗，即在底部的砧木上嫁接上品种的接穗。嫁接后形成的接口部分叫做"嫁接口"。

庭院栽培的时候，月季的嫁接口可以埋到土里，埋掉的好处是不容易受寒冷气候的影响且不容易因为害虫（主要是天牛）而受到致命伤害。

另外，除了砧木的根之外，也可能从品种的接穗上生根，长出根后，植株生长会更好。由于野蔷薇的砧木上一般没有芽，所以在嫁接口一般不会长出砧木的芽。

嫁接口不埋入土中

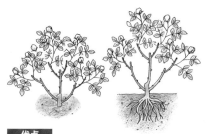

优点
· 不用深挖坑。
· 盆栽不需要深盆。
· 砧木发芽时容易处理。

缺点
· 嫁接口因冻害或虫害而损坏时，会造成植株枯萎。

嫁接口埋入土中

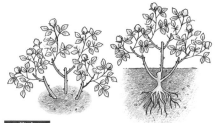

优点
· 嫁接口不容易受寒冷气候影响。
· 即使一根枝条受到害虫的侵害，还有其他枝条可以发芽。

缺点
· 要挖一个很深的坑。
· 盆栽要准备大而深的盆。
· 砧木发芽时不容易处理。

* 皱叶蔷薇等原种可能会长出地下茎。

好苗和差苗的辨别方法（生长期）

差苗
差苗是指根和叶子生长不良的苗，生病了、叶子少的苗一眼就可以看出来，没有精神。
· 叶子少。
· 叶子的颜色浅。
· 枝条不壮实。

好苗
好苗指的是根系发达，底部叶子繁茂，枝条壮实，健康、有朝气的苗。
· 叶子多。
· 叶子的颜色很深。
· 枝条壮实。

盆栽苗的定植方法（盆栽／嫁接口不埋入土中）

需要准备的物品：盆，盆底网，营养土（未加入肥料的要准备肥料）、苗（'月季花园'）

将枝干放在盆中心，这样今后枝叶的平衡感会更好。

1 混合肥料

将写有"基肥用"的肥料混入土里，一定要遵守规定的用量。

▼

2 加入土

在盆底的孔上铺上盆底网，加土。盆底孔小或是盆特别大的话，要加入盆底石。

▼

3 取出苗

轻轻敲打苗的容器的侧面，取出苗。在生长期尽量不要把根团弄碎。

4 调整苗的位置

把苗放入盆里，将枝干调整到盆的中心。另外，嫁接口应位于盆的边缘下方3~5cm 的位置，根据嫁接口的位置来增减土量。

▼

5 加土

在盆子里加土后，用木棍或是手指把土塞满，土中间尽量不要有空隙。

▼

完成

6 浇水

最后充分浇水，就完成了。刚定植好时，枝叶看起来可能会有些偏，等枝叶长繁茂后，整体平衡感会变好。

盆栽苗的定植方法（庭院种植 / 嫁接口埋入土中）

1 假植
种植前把花盆试放一下，调整位置和植株的朝向。

4 加入肥料
往种植坑中倒入堆肥和化肥。堆肥用量 3L，化肥（N-P-K=8-8-8）用量为 120g。

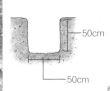

50cm

50cm

2 挖掘种植坑
用铁锹挖掘种植坑。因为种植时要将嫁接口埋入土中，所以要挖深度 50cm、直径 50cm 的坑。

5 土和肥料混合
将少量土填回种植坑内，用铁锹把土和肥料混合均匀。

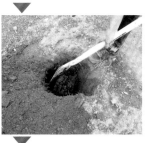

要点

南

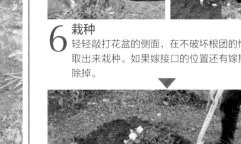

6 栽种
轻轻敲打花盆的侧面，在不破坏根团的情况下将苗取出来栽种。如果嫁接口的位置还有嫁接绑带，要除掉。

3 调整苗的位置
把苗放入种植坑，观察它的高度，将其调整到比刚埋住嫁接口的高度稍微深些的位置。考虑到次年的植株形状，让现在枝叶不够繁茂的一侧朝南。

嫁接口

将种植坑挖至能将嫁接口完全埋入土中的深度。

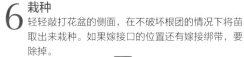

7 填土
栽种好后，将土填回种植坑中。为了使水渗入深处，在植株周围挖筑围堰，使浇的水积存起来，慢慢渗入土中。

要点

8 浇水

在围堰的内侧缓慢浇水，使土下沉，填充缝隙。

水在根团和回填的土之间流动的话，土就会和水一起进入缝隙。

9 将土整平

水完全渗入后，把围堰推倒，将土堆到植株基部。最后将土整平，就完成了。

完成

砧木上的萌蘖要立刻去除

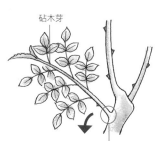

砧木芽

从基部完全剥离。

从砧木上冒出来的芽，要从基部完全剥离。通常，将砧木深埋后不会萌芽。

嫁接月季用的砧木一般是分布很广的野蔷薇。作为砧木的野蔷薇都是被修掉芽的，一般不能发芽，但是偶尔会残留芽，这样就会从砧木上长出芽来。如果发现有芽从砧木上冒出来，就要将埋住砧木的土挖出一些，漏出整个芽，之后将其从基部完全剥离，防止芽残留。用剪刀剪的话，会有芽残留，继续发芽。但如果是进口的砧木，可能会从根部冒出芽，这种情况下，想要完全清除不太实际，只能用剪刀反复剪掉。

砧木上的萌蘖

从图上可以看出，砧木的萌蘖上的叶子的形状与接穗上的叶子的形状不一样。砧木上长出的新叶颜色为嫩绿色，大多没有刺，同样大小的小叶约有7片。

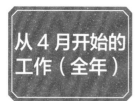

病虫害防治（所有株型通用）

栽培月季的时候，一定会有病害和虫害。首先要进行适当的管理，了解容易发生的病虫害，再采取相应的措施。

早发现，早处理，把危害降到最低

把月季种植在向阳的地方，先让它扎好根系。在此基础上好好地改良土壤、强健植株，如果出现病虫害，要尽早采取适当的应对措施。

应对病虫害，早发现、早处理是第一位的。尽早处理可以将危害降到最低，即使要使用药剂，也可以减少使用次数。害虫一发现就要迅速捕杀，疾病则要确认是什么病之后，有针对性地喷洒药剂。

药剂最好在晴暖的上午喷洒，为避免病虫产生抗药性，应将 2~3 种药剂交替使用。喷洒药剂时应注意在叶子的正反面都要喷，喷遍植株全体，不要遗漏。

在选择药剂的时候可以询问销售店的店员，要严格遵守用法和用量，正确使用。

如果知道某个品种在某个时期一定会得某种疾病，可以先喷洒药剂预防。

无农药栽培是由品种选择决定的

如果要进行月季的有机和无农药栽培，从一开始就要选择抗病性强、容易栽培的品种来种植。虽然藤本株型月季和可藤可灌株型月季基本都是一季开花，但大多比较强健，所以推荐选择。另外，即使是完全四季开花的直立株型月季，近年来也培育出了很多强健的品种。将这些品种进行巧妙的组合，就能让庭院永不寂寞。不过，并不是说抗病性强就永远不会发生病害和虫害。

害虫的捕杀是必要的。如果植株因染病失去了叶子，要配合植物的体力调整开花数量，让植株恢复活力，这样的呵护是必不可少的。

喷洒药剂的要点

不要暴露出皮肤

给植株整体喷洒药剂，不仅是叶子表面，叶子背面也要喷洒，使整个植株全都洒遍。喷洒药剂时，要选择长衣长裤，戴好口罩、手套、眼罩，不要让肌肤露出来。

病虫害防治的基本原则
① **每日观察** 尽量每天观察，这样稍有变化就可以发现。
② **了解病害虫** 了解病害虫知识，尽早发现病虫害并第一时间选择正确的药剂处理。
③ **采取应对措施** 剪掉不会开花的花蕾，把一碰就会掉的叶子和落叶收集起来处理，根据需求喷洒药剂、捕杀害虫。
④ **确认效果** 喷洒药剂 1~2 天后，确认是否有效果，如果没有效果可以更换别的药剂。

主要病虫害的症状和应对措施

天牛

发生时间: 6~11月（成虫），9月~次年5月（幼虫）

症状: 幼虫啃食枝条内部组织，1~2年长成成虫，被吃掉的植株1根枝条或者植株整体都会枯萎。成虫啃食枝条的皮，在植株基部产卵。

应对措施: 发现成虫后立刻捕杀。从植株基部出来的木屑是天牛幼虫的粪便，发现后要马上用铁丝捅入洞口杀死幼虫。

象鼻虫

发生时间: 4~11月

症状: 体长2mm左右的甲虫，啃食月季的嫩芽和花蕾等，或产卵使其枯萎。受灾严重的时候，月季将不能开花。

应对措施: 用手捕杀容易掉落，可以用杯子或纸接住后捕杀。将杀虫剂以嫩芽为中心来喷洒。摘除枯萎的部分。

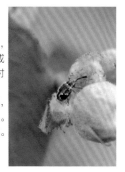

叶蜂

发生时间: 4~11月

症状: 成虫在嫩枝内产卵，幼虫排列在叶子边缘啃食。发现太晚的话，叶子被大量啃食，会对月季造成很大危害。

应对措施: 一经发现，立即捕杀。对产卵中的母虫喷洒渗透性杀虫剂，这样可以避免幼虫产生，更有效率。

金龟子（幼虫为蛴螬）

发生时间: 5~11月（成虫），9月~次年5月（幼虫）

症状: 成虫会啃食花和叶子，幼虫（右图）则会啃食根部，让植株变弱。幼虫对盆栽月季的危害尤其大。

应对措施: 成虫发现后立刻捕杀。幼虫发现后，从6月到10月每月将适用的药剂均匀地撒在土上。

黑斑病

发生时间: 5~7月，9~11月

症状: 叶子上出现几毫米大的黑点，变黄后落叶。该病在温暖地区多见。

应对措施: 不要让叶子长时间处于潮湿的状态。如果天气预报说有2天以上的降雨时，要提前全株喷洒药剂预防。因为该病是由在叶子里扩散的病菌引起的，所以请选用能渗透到叶子里的杀菌剂。

白粉病

发生时间: 4~7月

症状: 像白粉一样的霉菌在花蕾和嫩叶等处扩散，受害部位的成长会停滞。往往在春季比较晚到的地区受害严重。

应对措施: 受害部位会变形，把这部分去掉，喷洒适当的药剂。要预防白粉病，可在新叶和花蕾上喷洒综合杀菌剂来形成保护层。

灰霉病

发生时间: 5~7月，9~11月

症状: 花瓣打湿后容易产生。初期症状是花瓣上出现红点（红色花瓣上是白点），继而发霉腐烂。

应对措施: 已经发生病害的，将受害部分去掉，喷洒药剂。要预防灰霉病，就要避免月季花瓣被打湿。

蚜虫

发生时间: 4~7月，10~11月

症状: 它们会聚集在新芽、嫩叶和花蕾上吸取汁液，不仅会让月季的发育变差，偶尔还会传播病菌。

应对措施: 发现后立刻捕杀。如果是盆栽，可从发芽开始使用从根部吸收的杀虫剂来预防。

5月中旬开始的工作

摘除残花（完全四季开花的直立株型月季）

摘除残花不仅可以让植株外观更好看，还可以促进四季开花的品种开花。需要观果的话不要摘除残花。

尽早摘除残花，促发新枝

花朵开放后，过了最佳观赏期的花叫做"残花"。残花不仅影响美观，而且如果结出果实，果实还会消耗养分，影响下一轮花和枝叶的生长。不结果实的品种，不摘残花，植株会长高，但不影响下一轮开花。

为了保证植株的健康成长和使下一轮花尽早开放，应留下较多的叶子，尽早摘除残花。如果希望植株低矮一些，可保留2枚较大的叶子后剪断。但是，因为月季修剪后植株会变弱，所以仅对健康的植株进行修剪。在下一轮花开放前不要让叶子脱落，是管理的要点。

成簇开放的花，最理想的处理方式是一朵一朵地摘除残花，但也可以一口气把一簇花都剪掉。

摘除残花的时间

开花前
基本上不用摘除，但是叶子太少的时候，要毫不犹豫地摘除花蕾。

开花时
进入观赏期的花，剪下来作为切花的话，可以让下一轮早些开放。这时候，剪掉越多叶子，植株越容易衰弱。

开花后
一般而言，花开始枯萎时是摘除残花的好时机，在花瓣掉落前尽早剪掉。

花后
花瓣散落前是摘除残花的最佳时间。不以欣赏果实为目的的话，就尽早剪掉。

摘除残花的过程

1 摘除残花
根据不同的目的，决定摘除的花上带的枝条的长度。

2 长出新枝
从叶子和茎之间，抽出新的枝条。

3 开花
在抽出的新枝顶端开下一轮花。花朵枯萎后重复这一轮的操作。

摘除残花的位置

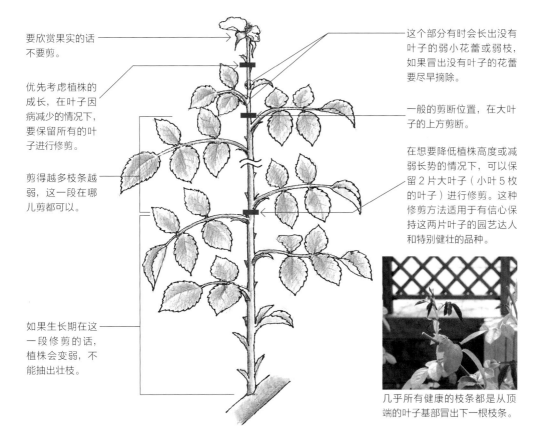

要欣赏果实的话不要剪。

优先考虑植株的成长，在叶子因病减少的情况下，要保留所有的叶子进行修剪。

剪得越多枝条越弱，这一段在哪儿剪都可以。

如果生长期在这一段修剪的话，植株会变弱，不能抽出壮枝。

这个部分有时会长出没有叶子的弱小花蕾或弱枝，如果冒出没有叶子的花蕾要尽早摘除。

一般的剪断位置，在大叶子的上方剪断。

在想要降低植株高度或减弱长势的情况下，可以保留2片大叶子（小叶5枚的叶子）进行修剪。这种修剪方法适用于有信心保持这两片叶子的园艺达人和特别健壮的品种。

几乎所有健康的枝条都是从顶端的叶子基部冒出下一根枝条。

摘除成簇的残花

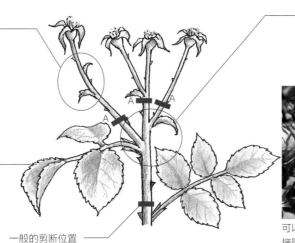

长着小叶子的位置会长出花蕾和枝条。如果花蕾摘掉后高度会降低到晒不到阳光的位置，就保留这部分，使其变高。

植株不健壮的时候，保留这些小叶子（3片叶），在A处剪断。

一般的剪断位置

成簇开花的月季，圆圈位置一般没有芽，即便在A处剪断也不会长出多余的枝条。

可以将开始枯萎的花一朵一朵地摘除。

摘除残花的顺序

小叶子

留下大叶子

1 确认剪断的位置
确认残花下面的小叶子和大叶子，小叶子和大叶子之间的位置就是最安全的剪断位置。

在这一段剪断没有问题，但是保留的叶子越少，植株越弱。

2 剪掉残花
在最安全的位置修剪。修剪时，用手拿住残花，在大叶子上方几毫米的位置用剪刀剪断。

完成

3 完成
通常，新芽会从剪断位置的叶腋处冒出来。

要点

大叶子

小叶子

在小叶子处剪断

4 根据未来植株的培育目的来决定修剪位置
为了使植株生长良好，在小叶子的上方（上图）剪断，尽可能多地保留叶片。一般的修剪位置是在小叶子下方的大叶子处（右图）。

在大叶子处剪断

花蕾

新芽

摘掉的部分

新芽从顶端的叶和枝条之间长出。

5 长出新芽
从摘掉残花的位置的叶腋处长出新芽，从上图中可以看到下一轮花的花蕾。

管理的要点

在芽上方剪断

如果已经发芽，就在芽上方剪断
如果摘除残花太晚，已经冒出了新芽，就在新芽的上方几毫米的位置剪掉残花。

为了抑制高度而摘除残花

保留这片叶子

剪断位置为从下面数第二片大叶子（5片小叶）的上方。

1 确认剪断的位置

当植株很健壮，枝条生长旺盛时，为了控制高度，可以从枝条的基部开始留下两片大叶子，将上面部分剪掉。

完成

4 完成

把所有的残花都摘掉后的样子。剪口整齐，确保发芽的时候有光照到。这种修剪方式尤其是对于容易长大的可藤可灌株型月季很有效。

在从下面数第二片大叶子的上方剪断。

2 摘除残花

从枝条的基部开始数，在第二片大叶子的上方，用剪刀剪断。

从叶腋发出新芽

5 枝条伸展

从摘除残花的位置的叶腋发出新芽。

3 摘除剩余的残花

其余的枝条也同样留下2片大叶子进行修剪。在花瓣散落前剪断的话，新的枝条更容易生长。没有枯萎的花朵还可以作为切花欣赏。

管理的要点

第一轮花的枝条长度

了解枝条伸展的长度

第一轮花的花枝长度因品种而异，同一品种的花枝长度在一定程度上是统一的。这是让来年的花能在指定高度开放的重要信息，要好好把握。

笋芽的处理（完全四季开花的直立株型月季）

月季是通过老枝条更新成新枝条来成长的。粗壮的笋芽会成为该植株今后的主角，要好好珍惜。

摘掉顶芽，增加叶子的数量

从基部发出的粗壮枝条叫做基部笋芽，从枝条中间发出的粗壮枝条叫做侧笋芽。年幼的苗容易萌发基部笋芽；5~6 年的大苗根据品种不同，分为以基部笋芽为主和以侧笋芽为主两种类型。

如果植株较老，笋芽的长度不够，被老枝条遮挡了光照的话，就要把老枝条牵引到旁边或是将老枝条剪断，让新枝条能沐浴阳光。另外，对于在基部笋芽上能长出大量花蕾的四季开花型品种，可以通过打顶 1~2 次，使叶片数量增加、枝条茁壮。

但是，对于藤本株型月季和可藤可灌株型月季，因为笋芽顶端不会长出花蕾，或是长势变弱就开不了花，所以不能打顶。

培育笋芽，更新枝条（示意图）

1 培育笋芽
将基部发出的笋芽保留下来培育。

笋芽　开花枝

2 剪掉老枝
剪掉老枝，更新为培育好的笋芽。健康的老枝不用更新。老枝上没有基部笋芽的时候，可以用侧笋芽更新。

基部笋芽

所谓老枝，根据品种不同，一般是指生长了 3~10 年的枝条

3 更新为新枝条
培育的笋芽开花。虽然不是所有的品种都能长出笋芽，但是对于能长出笋芽的品种，要确保将笋芽培育好。

笋芽的类型

四季开花的直立株型月季

在粗壮的笋芽顶端会有很多花成簇开放的类型。为了使枝条充实，要在其分枝前用手打顶。

笋芽无需处理

重复开花的可藤可灌株型月季、藤本株型月季

即使长出笋芽，其顶端也不会开花，或是即使开花，也呈现叶子多、花少的状态。这种类型的笋芽不用修剪，只需要用绳子绑扎好，设置支柱支撑，防止其折断。

四季开花的直立株型品种的基部笋芽的处理

1 确认打顶的位置
最好在顶端还没长出花蕾的时候，从叶腋没有发芽的位置折断。

2 打顶
将顶端用手折断。如果看到已经长出花蕾，那么尽量保留叶子，只把花蕾去掉。

管理的要点

摘除后的伤口
尽早摘除笋芽，这样伤口会比较小，不仅看起来好看，而且伤口也不容易染病。

对基部笋芽打顶后叶子数量的变化

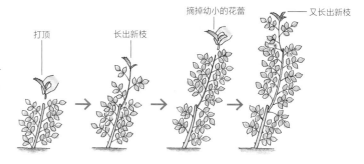

打顶
摘掉顶端，新枝长出来后再摘一次。这之后枝条生长、叶子繁茂，笋芽变成充实的粗枝条。

打顶　长出新枝　摘掉幼小的花蕾　又长出新枝

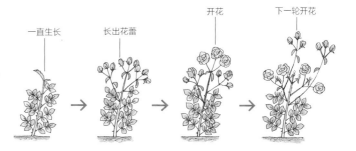

不打顶
顶端不摘除会一直生长，大簇开花，但叶子不如摘除顶端的多。

一直生长　长出花蕾　开花　下一轮开花

5月下旬～ 6月的工作

感谢肥·追肥 [四季开花的直立株型月季（盆栽为主）]

月季开败后，为了尽快复花，要进行追肥。庭院栽培的、生长旺盛的藤本株型月季和可藤可灌株型月季不需要追肥。

用液体肥料来补充养分

月季开完第一轮花之后给予的追肥，也叫感谢肥。对于重复开花的大型花月季或因生病等容易失去叶子的月季，追肥是有效补充养分的方法。对于庭院栽培的、生长旺盛的可藤可灌株型月季和藤本株型月季，不需要追肥。追肥时，推荐使用立刻见效的液体肥料，和浇水一样施肥。如果使用固体肥料，可以在伸展的枝叶垂直投影形成的圆形范围内进行撒施。

盆栽的话，每次浇水时，肥料也会和水一起流出，因而在生长期每1~2周要按照与浇水相同的要领进行追肥，以促进月季成长。

肥料不是越多越好。首先少量施肥，一边观察植物的状态，一边决定最适合的施肥量和施肥时间。

施肥的标准

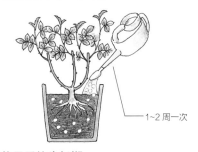

盆栽月季的生长期
盆栽的月季在每次浇水的时候肥料会和水分一起流出，应该1~2周给予一次液体肥料代替浇水。施肥的频率可以根据植株的状态来调整。看到花蕾了就要停止施肥。

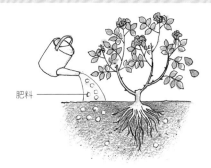

大型花、四季开花的直立株型月季的花后
月季开完第一轮花后，要立即给予感谢肥。和浇水一样充分给予用水稀释后的液体肥料。

肥料过多的反应

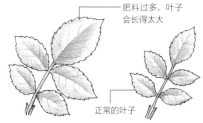

叶子大，叶色深
冬肥施的过多或频繁给予盆栽月季肥料的时候，月季植株的叶子会长得过大，颜色呈深绿色。这种情况下，不要施感谢肥，追肥也要拉长周期。

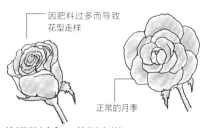

花瓣数过多，花型走样
如果因肥料过多造成花瓣数比正常多、花型走样的话，要从下一次施肥开始减少肥料量。

感谢肥的使用方法（固体肥料）

1 量出肥料
根据肥料袋上写的肥料量施肥，可用手掌来确认肥料的用量。这次的肥料（N-P-K=8-8-8）要求1株施20g，因而1株用了一小把的分量。

▼

2 施肥
在叶子覆盖到的地面上呈甜甜圈状撒施肥料。月季下面有草花的时候，要注意避开草花施肥。

感谢肥的使用方法（液体肥料）

1 稀释肥料
在水壶里加入水，按规定量放入液体肥料原液，混合均匀。使用时，认真阅读注意事项。

▼

2 施肥
和浇水一样充分浇透液体肥料。和固体肥料一样，在叶子覆盖到的地面上呈甜甜圈状浇灌。

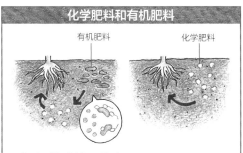

化学肥料和有机肥料

有机肥料　　　化学肥料

直到肥料到达根系为止
速效性的肥料被土壤中的水分溶解后立刻就能生效。缓效性的肥料是由微生物分解后才能起作用，会慢慢溶解。即使是有机肥料，如果是充分发酵过的，也会很快起作用。

管理的要点

肥料施在叶子的伸展范围下方
叶子伸展的部分与根系伸展的部分基本相同，繁茂的叶子的下方集中了能够活跃地吸收养分的根系，因而在此范围内施肥最有效。

夏季的浇水、防风策略 （所有株型通用）

病虫害防治、除草是夏季月季打理的基本工作，此外还要注意浇水，也要防止台风吹折枝条。

花盆干燥后，即使中午也要浇水
防风的措施是把植株捆起来

夏季酷热的地区和都市里栽培的月季很容易缺水，要注意及时浇水。处于台风路径上的地区要采取预防强风的措施。

盆栽基本上每天早晨浇水，担心维持不到次日早晨的话，下午4点以后再浇一次水。要注意让花盆里透气、含有空气，不要让盆土持续处于潮湿的状态。月季的状况、土壤的种类、花盆的大小不同，干燥状态也不同，要观察每个盆的状态再浇水。

台风过境的时候，为避免枝条折断，应当将其用绳子捆起来。长的笋芽要固定在构筑物上。台风过境后要立刻清洗叶片。

夏季浇水（盆栽）

1 少雨的炎热季节，早晨浇完水，到了中午土壤就干了。

2 土壤干燥后，下午4点后再浇一次水。天黑后必须浇水的话，注意不要淋湿叶子。

管理的要点

叶子变色

叶子萎缩

茎变色

高温引起的病害
叶子在夏季高温和强烈的日照下会变形、变色。每个品种耐热性不一样，如果耐热性差，可能会生长停滞。炎热的夏季过去后再施肥，让植株恢复健康。

防风的方法

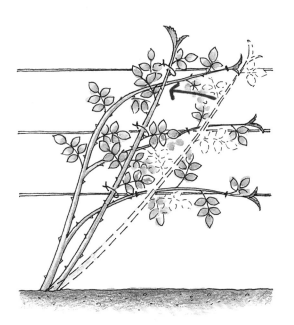

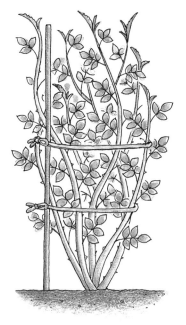

藤本株型月季的防风方法
因为主要的枝条已经牵引好了，所以只需要把长的笋芽绑到别的枝条或构筑物上就可以了。笋芽绑扎时要注意松弛一些，避免其折断。

直立株型月季的防风方法
竖立支柱，用绳子绕圈把枝条束缚起来。如果有笋芽，捆绑时要小心，避免其折断。

需要夏季修剪吗？

在温度高的夏季进行的修剪叫做"夏季修剪"，夏季修剪时，主要是调整高度和植株的形状，目的是让秋季的月季在较低的位置统一开放。夏季修剪主要在四季开花的直立株型月季和可藤可灌株型月季中进行，藤本株型月季和偏藤本的可藤可灌株型月季基本不用进行夏季修剪。

寒冷地区的生长期短，枝条不会过度伸展，所以不需要夏季修剪。在温暖地区，生长期长，夏季之前会长出很多过高的枝条和细而短的枝条，需要进行夏季修剪，将笋芽以外的短而细的枝条剪掉，把粗枝条在头茬花后回剪到顶端，第二茬花后回剪到花枝基部。

初学者培育月季时，不建议进行夏季修剪，理由是根据枝条和植株的状态来判断是否需要剪掉枝条很困难。生长期的修剪会让叶子减少很多，植株变弱的风险大。如果因枝条过度伸长而感到困扰的话，最好通过剪掉残花来降低高度。

不进行夏季修剪，只摘除残花来调整高度。

9月开始的工作

秋月季摘除残花（完全四季开花的直立株型月季）

花后，在冬天开花的地区，只摘除残花。在寒冷地区，为了将植株纳入防雪围障中，要将植株修剪到一半大小。

根据下面的工作来确定修剪的位置

完全四季开花的直立株型月季，秋季也会开花。春季为了牵引粗枝条，花后要摘除残花。秋季根据目的不同，摘除残花的位置也不同。

温暖地区到12月前后为止都会开花，能开花的就尽量让它开花，只摘掉残花。

顶端的芽会很早萌动，通常残花摘除后就剪掉顶芽，只留下小叶子，就会容易复花。

在需要防雪的地区，要重剪，以便将植株纳入防雪围障中。如果修剪得过多，会造成植株衰弱，以修剪掉植株一半的枝条为宜。

秋月季摘除残花

1 确认花的状态

优先将枯萎的花摘除。如果要用作切花，可以采摘开花前（右上图）的月季。图为'安德烈·格朗德'月季。

2 摘除残花

为了尽可能保留叶子，只采摘花，留下花正下方的叶子。

从小叶子上方摘除。

秋季和春季的月季

春

秋

秋季的月季颜色变深

图为'戴高乐'月季，左图上是春季的月季，右图上是秋季的月季。在植物的叶片开始变红的时节盛开的秋月季，大部分颜色都变深了。秋月季的香气会在中午前后达到顶峰，比春月季更容易享受到香气。

10~11月的工作

防雪、防寒措施 [所有株型通用（寒冷地区）]

在寒冷地区和积雪地区需要采取防雪和防寒的措施。
防雪、防冻，避免植株枯萎。

用防寒布围裹植株，使其免受雪害和寒风的侵袭

对于耐寒性强的品种，没有必要采取这项措施，但是为了避免雪压折枝条，在降雪之前要将枝条顶端稍微修剪（临时修剪）一下，用绳子捆好，盖上防寒布。藤本株型月季也是同样的操作，但是强健的品种只需预先牵引好即可。

在多雪地区，雪开始融化后要除雪，避免过湿。在有干燥的寒风吹拂的地区，如果太早把防雪围障撤掉的话，植株很容易枯萎。在寒冷地区，无论哪种株型的月季都应该在雪融化后进行修剪。在积雪较少的寒冷地区，可以在植株基部堆上土和堆肥等，作为防寒材料。

盆栽月季，在温度低于零下5摄氏度（该低温环境下不能萌芽）的地方，要放在屋内，如果不能放到屋内，可以埋在土里或雪里。

积雪较多的地方的防雪措施

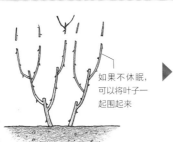

1 修剪枝条顶端，用绳索捆起来
将枝条顶端稍微修剪一下，用绳索把植株捆起来。正式的修剪是在雪融化后的3月末~4月上旬。

如果不休眠，可以将叶子一起围起来

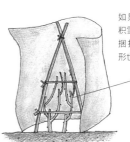

如果能承受积雪的重量，捆扎成圆柱形也可以

2 用防寒布围裹
将支柱扎成圆锥形，把捆好的植株围起来，周围围上防寒布，用绳子固定。

积雪较少的地方的防寒措施

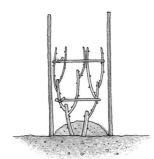

1 在植株基部堆上堆肥
气温低于零下15摄氏度的地区，将枝条稍微剪短一些，用绳索围拢植株，之后竖立支柱，将堆肥等堆到植株基部。

放入落叶

2 用防寒布围裹
用防寒布或是麻袋罩上去，加入落叶和稻壳后把顶端系起来。

11 月开始的工作

大苗定植（所有株型通用）

11 月适合定植在休眠期销售的大苗，但是在地表会冻结的地区，要等冻土融化后再进行深植。

寒冷地区要通过深植防寒

冬季上市的大苗，在温暖地区适合在 11 月 ~ 次年 3 月中旬定植。在寒冷地区和积雪地区，在购入后要带着花盆放到零下 10 摄氏度以上的地方管理，不让它发芽，到冻土融化的时候再定植。

大苗定植的方法基本上和盆栽苗的定植方法相同。不过，在气温低于零下 10 摄氏度的地方，枝条可能会冻死，所以最好把枝条也埋住一点。

土里面的温度比地上高，将嫁接口埋入土中不容易受冻，植株更容易越冬。

定植的时候，要调整植株的朝向，让所有的枝条都能均匀地受到阳光照射。在庭院定植的时候，即使苗本身有些倾斜也不要紧，最后枝条都会向上生长。

大苗的选择方法

仔细阅读标签
标签上印有照片和名字，可以作为花朵颜色和形状的参考，但根据实际的栽植环境，多少会有些变化。标签上的株高通常是指在温暖地区的植株高度，在其他地区没有参考价值。仔细了解植株的性质，选择适合自己用途的品种吧。

枝条充实度
年轻的枝条是绿色的，枝条充实后，会出现图片上这样的茶色痕迹，有这样的枝条说明这是一棵充实的植株。

有一根粗枝条　枝条粗细均匀

枝条的粗细
大苗是将上一年的秋天到冬天之间嫁接的苗培育到秋天后的苗。枝条的粗细和数量因品种而异，至少一根充实的枝条就可以。

定植时枝条的朝向

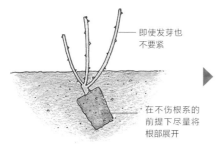

即使发芽也不要紧

在不伤根系的前提下尽量将根部展开

1 有一根充实的枝条的苗，以这根枝条为中心种植，让枝条均匀分布，这样随着之后的成长，枝条的平衡感会变好。

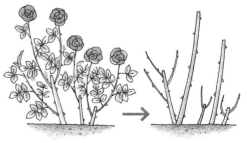

2 定植后的第 1 年，枝条的平衡感还不好，从第 2 年开始，平衡感会慢慢变好。

大苗定植的顺序

1
挖掘种植坑
挖一个深度、宽度都是45~60cm的坑，越是要深埋嫁接口或是土壤坚硬的场合，越要深挖。

5
准备花苗
取下嫁接绑带，轻轻敲打花盆的侧面把花苗取出来。

2
调整苗的位置
先临时把苗试放一下调整高度，因为要在坑底加入堆肥，需要深挖一些。为了使这株花苗的枝条更自然地展开，将其稍微倾斜一些种植。

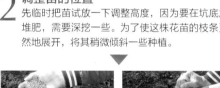

6
栽种
将花苗放入种植坑，使枝条均匀向上，一边扶住枝条一边回填土。

7
浇水
在植株周围挖筑围堰，一点点浇透水，使土下沉、稳定下来。

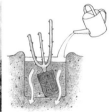
为了让水渗入深处，挖筑一个储水的围堰。

3
加入基肥
往种植坑内加入3L堆肥，之后，按肥料袋子上记载的量加入肥料（这次加入了N-P-K=8-8-8的肥料120g）。

4
将肥料和土混合均匀
稍微回填一点土到坑里，把肥料和土混合均匀。

完成

8
将土整平
水完全渗入后，把围堰推倒，将土整平，就完成了。

基肥（冬肥）[所有株型通用（庭院栽培）]

基肥是供月季一直生长到来年秋季的肥料。
因为要慢慢分解，所以不要错过时机，要及时在冬季施用有机肥料。

以效果缓缓显现的有机肥料为主

为了使月季一整年都保持健康而施的肥料叫做"基肥"，因为是在寒冷的季节施肥，也叫做"冬肥"。在温暖地区，在寒冷的冬季施基肥；在寒冷地区，在土壤封冻前施基肥；在积雪地区，在植株基部被雪覆盖之前施基肥。基肥通常选用缓释长效的有机肥料。另外，为了改良土壤，常常在有机肥料之外再添加些堆肥。

无论直立株型月季、可藤可灌株型月季，还是藤本株型月季，施基肥的方法都一样。幼小的苗在距离植株基部 40~50cm 处施基肥，大的苗在距离植株基部 50~100cm 处施基肥，施放 2~3 处。

要精确计量肥料，需要用量杯和秤等，如果事先将一把肥料的量测量好的话，以后就方便了。

肥料的简单测量方法

固体有机肥料
有很多的产品，成分也不一样，施肥时要参考袋子上记载的量。这次每株给予 200g，单手抓满满一把的量是 50~100g，抓 2~4 把即可。

油粕
肥料成分因原料不同而有所差异，作为基肥每株一般施 300~500g，双手满满一捧是 150~200g，用双手捧 2~3 捧即可。

牛粪堆肥
作为基肥使用时，每株施 2~5L。根据袋子的大小来计量，如果是 10L（kg）的袋子，施 1/5~1/2 袋为宜。

施肥的地点

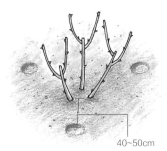

40~50cm

在距离植株基部 40~50cm 的地方挖 2~3 个深约 30cm 的坑（大致是修剪前植株枝梢下的位置），放入肥料。

管理的要点

铁锹的锹面长约 30cm
挖坑时或要了解植株的高度时，用铁锹锹面来测量

很方便，大部分铁锹的锹面长度约 30cm，和要加入基肥的坑的深度基本一致。

如果挖掘到一个锹面的长度，那么坑的深度大概是 30cm。

基肥的施肥方式（直立株型月季、可藤可灌株型月季、小型藤本株型月季）

 挖坑

在距离植株基部40~50cm的地方，挖2~3个直径20~30cm、深约30cm的坑。

2 **加入肥料**

加入堆肥2~5L、油粕300~500g，固体有机肥料按袋子上记载的量使用。

3 **将肥料和土混合均匀**

稍微回填一点土到坑里，为了让肥料容易分解，将土和肥料混合均匀。

4 **回填坑**

将挖掘出的土全部回填到坑里，整平。

完成

5 **在其他位置也加入肥料**

再挖掘1~2处施肥坑，同样加入肥料，回填。在天气回暖之前完成此项工作。

大型藤本株型月季

对于大型的藤本株型月季，由于其在地下的根系伸展得比较远，所以施肥坑的挖掘距离也要比通常情况下稍远一些，要在距离植株基部50~100cm的位置挖掘施肥坑。加入堆肥的量要稍多一些，一般为5L，肥料按袋子上记载的量加入。

1 因为植株比较大，所以从距离植株基部50~100cm的地方挖掘施肥坑。

2 另一处也以同样的方法施肥，因为空间不足，在比上一处离植株基部稍近的距离来挖坑施肥。

151

1~2 月的工作

修剪的知识①——修剪的目的和位置

（所有株型通用）

修剪的时候要有意识地根据不同的目的来修剪。
考虑到发芽的方向来修剪的话，就可以有效控制树形。

修剪枝条会让植株变弱

休眠期的修剪是月季的管理中最重要的工作之一。植物自然伸展枝条会更有活力，不会因为被修剪而感到高兴。月季的种类、品种不同，它们的大小和形状也不同，如果按自然生长的大小来管理的话，就不怎么需要耗费精力。

如果有空间的话，将月季培育得大一些，植株会更健壮。但是为了使月季的树形更紧凑好看、开的花更多，就需要我们人为地进行修剪。

首先，我们要培育能够耐受修剪的植株，了解不让植株变弱的修剪方法。也就是说，如果植株变弱的话，就不能修剪枝条了。

明确修剪的目的，确认要修剪的枝条

修剪的目的有多个，不了解这些目的就会产生混乱。月季修剪最大的目的有两个：①让植株保持希望的高度；②让花开出希望的大小和数量。

此外，还有"修剪枯枝让植株更好看""不让快枯萎的枝条发芽""让老枝条更新成新枝条"等目的。明确月季修剪的目的后，就可以像做拼图一样决定要剪的枝条。

选择修剪的枝条时，需要重点关注枝条的年龄。保留越多年龄在1年内的新枝条，植株越不容易变弱。只留下老枝条的话，春季不一定会如愿发出新枝条。

新枝条和老枝条的判断方法

当年长出的新枝条多数是绿色，老枝条上带有条纹，慢慢木质化。

修剪的目的

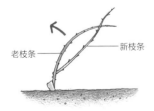

要珍惜粗壮的新枝条
老的、衰弱的枝条覆盖住健康的新枝条时，要剪掉老枝条，或将老枝条牵引到别处。

老枝条　　　新枝条

开花
根据枝条数量和芽的数量不同，花的大小和数量也会发生变化。强剪后的枝条和芽的数量减少，会开出较少的大花，轻剪后的枝条和芽的数量多，会开出大量小花。

控制高度
修剪伸展得太高的枝条，可以控制高度。这时，如果从老枝条的中间发出新的壮条，可以更新枝条。

冬季是适合修剪的时期。在温暖地区，在1月下旬到2月中旬的大寒节气以后修剪，寒冷地区则是在天气变暖后的3月末到4月上旬修剪。

利用休眠期的特性，设计来年春天的株型

冬季修剪时，就算在嫁接口5cm以上剪断，植株也不会枯萎，可以放心操作。

休眠期虽然不会发芽，但这是可以做好发芽准备的时期。生长期不能发出新枝的部分，在发芽期的2个月前剪断，就会发出芽来。

枝条向发芽的方向笔直伸展，途中不会弯曲。阳光照到的枝条生长良好，阳光照不到的枝条生长会停止。因为向阳的芽会优先生长，所以枝条通常会朝着修剪后留下的最上方的芽朝向的方向生长。每个品种枝条伸展的长度大致是固定的，因此可以以上一年春天开出头茬花时的枝条长度作为参考，对植株的高度进行初步管理。

有时会出现枝条从剪切口部分开始枯萎的情况，主要原因是上一年失去了叶子，枝条不充实。修剪之前多培育结实的枝条很重要。

改变株型的修剪方法

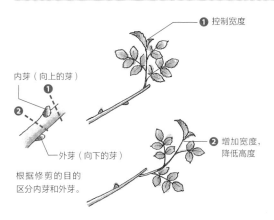

❶ 控制宽度

内芽（向上的芽）
❶
❷
外芽（向下的芽）

根据修剪的目的
区分内芽和外芽。

❷ 增加宽度，
降低高度

剪枝的位置

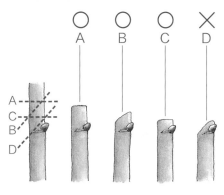

○ A ○ B ○ C ✕ D

A
C
B
D

只要不伤到芽的内侧，在哪里剪都没问题。

枝条的伸展方向和株型

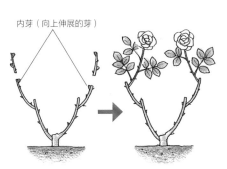

内芽（向上伸展的芽）

横张性，向上伸展
过度横向发展的，在向上延伸的内芽上方剪后，植株就会比较紧凑。

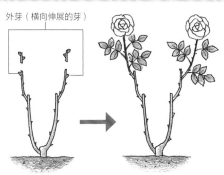

外芽（横向伸展的芽）

直立性，横向伸展
为了抑制高度或希望植株横向扩展时，在横向伸展的外芽处剪断，枝条就会横向伸展。

修剪的知识② ——养分的集中和分散（所有株型通用）

一根枝条上，靠近阳光的部分容易发芽。而对于整个植株，上部的枝条容易发芽。

通过养分的集中和分散，调整花的数量和大小

植物是以太阳光为能量来生长的，月季栽培也可以利用它追逐阳光的性质。

只看一根枝条，如果枝条向上生长，养分就会集中到顶端的一个芽上。如果横向牵引，养分就会均匀地分散到所有向上的芽上（顶端优势）。

另外，即使枝条直立生长，如果芽和芽太接近，顶芽会不明显，养分也会分散到各个芽上，从而长出若干枝条。

从株型来看，直立性的月季，养分会集中到植株的上部，松散展开的株型，养分会分散到所有向上的芽里。

对于很难积蓄养分的四季开花性的月季，我们可以让养分集中，促进其开花。而对储存了充足养分的藤本株型月季，可以让养分分散，以便开出较多的花来。

芽的间隔和养分的集中、分散

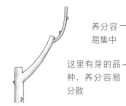

养分容易集中

这里有芽的品种，养分容易分散

❶ 芽的间隔大，养分会集中到顶端，顶端的芽开始生发枝条，适合大型花品种。

❷ 中小型花品种的花即使在细枝条上也能开得很好，像大型花品种那样修剪让养分集中，往往只会减少花的数量。所以，一般的方法是增加顶端的枝条数量，分散养分。

❸
健康的副芽会长成枝条，而且，根上隐藏着的很多芽也会生长出枝条。适合枝条生长过多的品种。

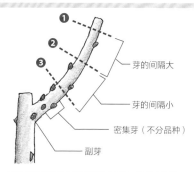

❶
❷
❸

芽的间隔大

芽的间隔小

密集芽（不分品种）

副芽

副芽是什么？

副芽

月季的芽为3芽一组，通常中间的一个芽（主芽）萌发长成枝条，副芽是在主芽两侧的芽。

花的养分集中和分散的示意图

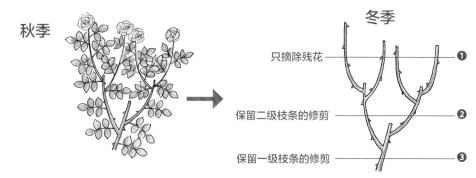

秋季

冬季

只摘除残花 ——————————————— ❶

保留二级枝条的修剪 ——————————————— ❷

保留一级枝条的修剪 ——————————————— ❸

❶ 只摘除残花

完全不剪枝条的时候，枝条数量多，养分分散，花朵或是花簇变小。

❷ 保留二级枝条

枝条数略少，养分不过度集中，植株整体均衡开花，适合中型花、成簇开花的品种。

❸ 保留一级枝条

枝条数少，养分集中。大型花品种的花变大，成簇开放的品种的花数变多，形成大簇。希望花和花簇都大的时候，可选用这种修剪方式。

可藤可灌株型月季的笋芽

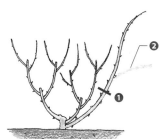

❶ 修剪枝条

把聚集了养分的笋芽剪短后，剪口附近会冒出3~8个芽，开放大量花朵。

一年开放数次的品种，将枝条剪短，集中养分，使花开得更多。枝条容易弯曲的品种可以把枝条下压弯曲来实现分散养分的目的。

❷ 弯曲枝条

芽的间隔窄、芽多的情况下，如果将枝条水平拉伸，养分就会分散，顶芽扩展到整个枝条。向上的芽优先生长，向下的芽不生长。

修剪的知识③——株高（所有株型通用）

株高＝植株的高度，它取决于栽培的空间和选择的品种。可以一边培育一边调整。

根据笋芽的修剪方法，来调整月季的高度

月季会长到多高（株高），最初可以参考品种目录或是苗木的标签，但是由于栽培环境和光、温度、水、土等的性质不同，生长的程度也不同，在培育过程中根据实际情况进行调整是很重要的。

希望植株紧凑时，一般将笋芽修剪到1/4~1/3的高度。剪得过短，植株会衰弱，但是对于可藤可灌株型等四季开花的半藤本性月季，剪到40~50cm也不要紧。能从植株基部冒出很多笋芽的品种，可以通过更新老枝条来降低高度。但是对于不容易萌发笋芽的品种，可保留老枝条上部生长了1年以内的新枝条。

希望月季长得更高或更健壮的话，可以几年不修剪。达到希望的高度后，以枝条最高处的一朵花的高度作为修剪高度的标准。

根据目的调整株高

牵引的宽度
藤本株型月季、可藤可灌株型月季，可以根据牵引场所的宽度来选择品种。经常萌发笋芽的四季开花型月季，可以修剪后让它多开花。图为‘红陶’月季。

混合种植
想和草花组合做成立体的花坛时不修剪。另外，要选择不容易萌生基部笋芽的、有高度的品种。图为‘蓝色阴雨’月季。

在较低的位置赏花
在花坛等较低的位置赏花的时候，选择株高较低的品种。这些品种枝条不会长很长，管理不费力。图为‘月季花园’月季。

配合目的的修剪流程

让植株变小
达到目标高度的植株，在笋芽的1/3左右的高度修剪。有的可藤可灌株型月季的笋芽会长到2m左右，即使剪短也会开花。

40~50cm

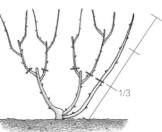

1/3

让植株变大
达到目标高度之前，不用修剪。

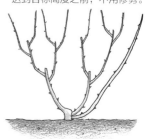

第二年伸展的枝条长度

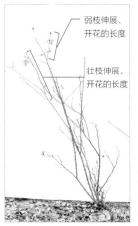

弱枝伸展、开花的长度

壮枝伸展、开花的长度

1 观察枝条的伸展长度

上一年开花的枝条的粗细和长度是该品种第二年生长的枝条长度的基准。

▶

5月

伸展的枝条

枝条伸展高度的目标

粗壮的枝条

2 修剪后的枝条

修剪后和次年5月的样子，为了养壮植株，只进行了轻剪。

以基部笋芽为基准的时候

新植株

对年数不够的新植株和盆栽较为有效，1年以内的新枝条剪到哪里都可以。

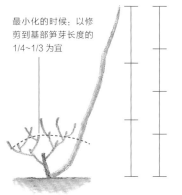

最小化的时候：以修剪到基部笋芽长度的1/4~1/3为宜

最大化的时候：想要在周围种植草花或是想让植株基部不被阳光照射时

以老枝条为基准的时候

有基部笋芽的老植株

基部笋芽

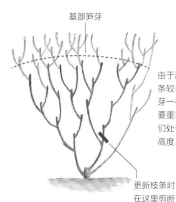

由于周围的一级枝条较多，和基部笋芽一样高，所以不要重剪，尽量让它们处于阳光照射的高度。

更新枝条时在这里剪断

有侧笋芽的老植株

侧笋芽

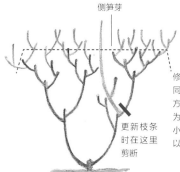

更新枝条时在这里剪断

修剪后植株会更高、更大，同时开花数也最多的修剪方法。可以将老枝条更新为年轻的侧笋芽，有效缩小体积。但是修剪的高度以一级枝条多的地方为准。

修剪的知识④——株型（所有株型通用）

决定月季株型的要素有"枝条的长度""枝条的柔软度""枝条的方向""枝条的寿命""笋芽的处理方法"等。

① 月季造型时要根据一级枝条的长度和笋芽的性质进行

枝条的长度和株高有关系。一级枝条（春季开始生长的枝条）较长的品种，植株会变大。相反，一级枝条较短的品种，如果笋芽不像藤条一样伸展，就会长成紧凑的植株，如果笋芽伸长，则会成为春季在短枝上开花的优秀的藤本株型月季。

② 枝条的柔软度决定了植株给人的印象

枝条较硬的品种会向着枝条的伸展方向笔直延伸，形成阳刚的株型；枝条柔软的品种，枝条弯曲，形成柔和气质的株型。

另外，枝条的硬度和花梗的硬度有时不一致，也有枝条笔直伸展，但是花横向开放的品种。

① 一级枝条的长度和笋芽的性质（示意图）

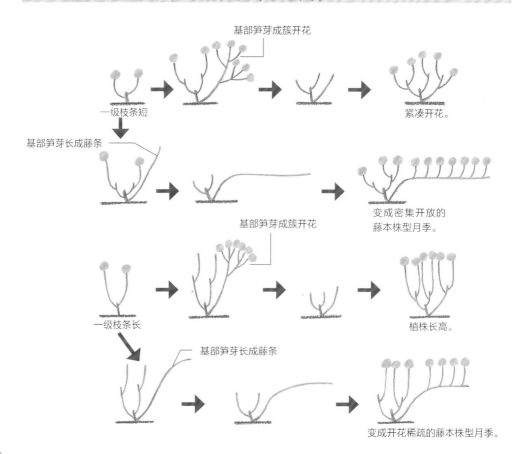

③ 枝条的伸展方向决定了株型

根据品种的不同，枝条有容易向上生长的，也有容易横向生长的。

④ 根据枝条的寿命不同，株型也会相应改变

枝条有寿命，数年~10年后会更新为新枝条。

容易生发笋芽的品种，因为会更新枝条，所以不容易长高，株型几乎不会变化。

不容易生发笋芽的品种，每年枝条都会变粗，主要由侧笋芽来更新上部枝条。这种类型的植株容易长大，直立性越强，植株基部附近越不容易长枝叶，下部会很空。

⑤ 可藤可灌株型月季的基部笋芽的性质会发生改变

标准的株型下，四季开花的直立株型月季的笋芽成簇开花，藤本株型月季的笋芽长成长藤条，属于二者中间类型的可藤可灌株型月季，笋芽会根据品种和季节更倾向于二者中的一种。

相同品种的可藤可灌株型月季，植株越有活力，笋芽越呈藤蔓状伸展，越难开花。而因为环境等因素导致植株变弱时，反而容易重复开花。

② 枝条的柔软度

左图：枝条柔软、株型柔美的'柠檬酒'月季。
右图：枝条坚硬、株型阳刚的'亨利·方达'月季。

④ 枝条的寿命

容易出笋芽
老枝条不断更新，株型基本不会变化。图为'薰衣草梅蒂兰'月季。

不容易出笋芽
下部容易空。图为'亮粉绝代佳人'月季。

③ 枝条的伸展方向和株型

横张性
花开满整个植株。

直立性
花集中在上部开放。

⑤ 可藤可灌株型月季的基部笋芽类型

夏 秋

伸展得很长，成簇开花的类型。

秋季后容易藤本化的类型。

接近藤本株型月季的不开花的类型。

修剪的知识⑤——修剪的流程（所有株型通用）

所有株型月季的修剪流程基本都是相同的。藤本株型月季修剪后需要牵引。

把握 4 个要点，学会修剪的流程

植物的枝条即使长得繁茂拥挤，所有的芽也都会萌发，但是只有被光照到的芽才会生长，光照不到的枝条会枯萎。这样的自然淘汰方法乍一看效率很低，但是在植物世界里却是真实存在的。

但是，人类会优先考虑效率，所以可以人为地让植物不再把养分输送到会枯萎的芽上。

把不开花的枝条、不能制造养分的枝条都去掉，根据目的调整高度。修剪的时候，要把握以下四个要点。

① 去除枯枝和病弱的枝条。

② 去除不易照到阳光的细弱枝条。

③ 更新枝条（根据需要）。

④ 调整高度。

但是有些不能开花的细枝条，如果能照到阳光，也会成为聚集养分的枝条。如果希望植株更健康，可以不修剪，将其保留。

更新的枝条和年轻的枝条

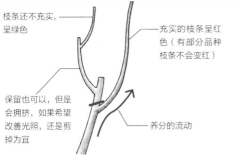

枝条还不充实，呈绿色

充实的枝条呈红色（有部分品种枝条不会变红）

保留也可以，但是会拥挤，如果希望改善光照，还是剪掉为宜

养分的流动

修剪不能在希望的位置发芽的老枝条，更新为附近的健壮的年轻枝条。

细弱的枝条

与其他枝条相比明显细弱的枝条，即使保留也不会开花，光照得到的可以保留，比较拥挤、光照不到的就剪掉。

枯枝和活枝

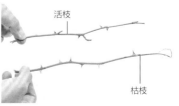

活枝

枯枝

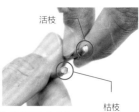

枯枝表皮的颜色变成茶色。枯枝的剪口也是茶色，活枝的剪口颜色发白。

活枝

枯枝

年轻枝条的判断方法

年轻枝条

老枝条

上一季生发的年轻枝条，通常是绿色或红色，枝条变老后会出现条纹，慢慢木质化。

修剪的基本流程

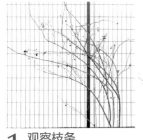

1 观察枝条
直立株型月季确认全株的状态，估算要修剪到的长度。藤本株型月季确认要作为藤蔓留长的枝条和要剪断的短枝条。

2 剪掉枯枝
首先把容易辨认的、枯萎变色的枝条从基部剪断，半途枯萎的枝条也要剪掉。

枯萎的部分

3 剪掉弱枝（年幼的弱枝除外）
然后，把光照不到的细弱枝条剪掉。需要牵引的长枝条，先牵引好后再剪掉弱枝比较高效。

4 剪掉拥挤的枝条
多根枝条拥挤在一起的部分，有时会因枝条之间互相摩擦而造成损伤，而且也不容易照到阳光，因而只留下粗壮的枝条，其余剪掉。

5 更新为新的枝条
枝条变老以后，不能在希望的地方冒出芽来，可以从基部剪掉，用长势好的新枝（基部笋芽）来更替。

完成

6 缩短长度
将枝条修剪成所需长度，发芽时为了使所有的枝条都能受到阳光照射，直立株型月季要进行修剪，使其顶端平齐，藤本株型月季则要进行牵引。

* 安全起见，请佩戴皮手套操作。

161

修剪①——为了培育植株的修剪

（直立株型月季、偏直立株型的可藤可灌株型月季）

直立株型月季、偏直立株型的可藤可灌株型月季的修剪。这是在年幼的植株壮实之后，为了使植株长得更加健壮、更高时采用的修剪方法。

为了培育植株而进行的修剪的特征

培育的植株变弱时，希望植株长高时，某些品种长势不强时，需要培育植株时等情况下，对月季只进行轻微的修剪。因为枝条只进行了轻剪，所以有养分的枝条被保留了下来，有利于植株生长。另外，因为植株较高，也容易晒到阳光。

修剪时，首先从基部剪掉枯枝、细弱枝、拥挤枝。然后，在适当的部位剪断枝条，例如粗的基部笋芽，在希望开花的部位剪断。

修剪枝条能让植株整体均匀地照射到阳光。最重要的是，能让月季在希望的高度开出漂亮的花。修剪的高度可以参考一级枝条的长度来决定。

修剪前后（'摩纳哥公主卡洛琳'月季）

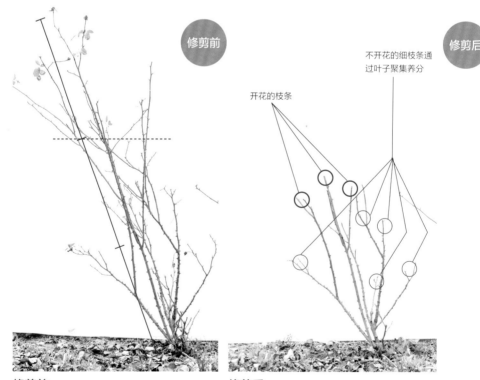

修剪前

不开花的细枝条通过叶子聚集养分

开花的枝条

修剪后

修剪前
具有开花能力的枝条，在希望它开放的位置剪断。年轻的植株不用限制长势。

修剪后
修剪了整个植株，使所有枝条能均匀地得到光照。粗壮的枝条作为开花枝，细枝条让它多长叶子，成为聚集养分的枝条。

为了培育植株的修剪（'摩纳哥公主卡洛琳'月季）

观察整个植株

四季开花的直立株型月季，要把握修剪的位置，使笋芽保留大约 2/3 的高度。第二年头茬花的枝条高度也将根据上一年生长的枝条进行确认。

第二年枝条伸展的高度

按这个高度修剪

2

剪除枯枝

修剪掉一眼就能发现的枯枝，用剪刀从枝条的基部剪除。顶端开始枯萎的枝条也同样剪除。

3 剪掉基部多余的枝条①

将被其他枝条包围、处于阴影下的枝条从基部剪除，把养分分配到能照到阳光的枝条。

4

剪掉基部多余的枝条②

同样方向的平行枝条，会相互争夺阳光，把其中一根从基部剪掉。

5

修剪拥挤的部分①

为了让养分集中到长势好的笋芽，把又细又短的枝条从基部剪除。

6 修剪拥挤的部分②

将枝条之间接近、发芽后容易拥挤的部分从最初就疏除，这样发芽后枝条会更容易照到阳光。

7

剪掉细枝条①

为了集中发芽所需的养分，剪掉细枝条。

* 安全起见，请佩戴皮手套操作。

8
剪掉细枝条②
同样的部位长出好几根枝条，先决定要留下的枝条，再剪除细弱枝条。

9
剪掉细枝条③
为了让植株更健壮，剪掉细弱枝，留下一根粗壮的枝条。顶端枝条分枝太细的时候，将枝条在与附近的粗枝条同等粗细的地方剪断。

10
修剪枝条①
枝条顶端有很多很细的分枝的时候，细枝之间会彼此竞争，这时要在分枝下方有壮芽的位置进行修剪。

11
修剪枝条②
与上一步一样，将枝条顶端有细小分枝的枝条修剪到较粗的位置。

12
修剪笋芽
将粗壮的基部笋芽在希望开花的位置剪断。如果希望优先增加高度，也可以保留基部笋芽。

完成

13 修剪剩下的粗笋芽
修剪完所有的笋芽后，就完成了。

管理的要点

增加枝条数

将年轻枝条在发芽前一个月进行修剪的话，就会促使下面的芽萌动。这样发芽的高度一致，所有的枝条都会更好地成长。

5月

5月的植株，枝条从希望的位置发出，株型也很均衡。

开花

粗壮的枝条上开出大的花朵。希望花开得更加健康的话，可以把细小枝条上的花蕾在很小的时候就摘除。

* 安全起见，请佩戴皮手套操作。

修剪②——希望株型紧凑时的修剪

（直立株型月季、偏直立株型的可藤可灌株型月季）

使植株紧凑化的修剪基本也是一样的。通过基部笋芽决定高度，再调整周围枝条的高度。

粗壮的笋芽剪到剩下 1/3~1/2 的高度

想要控制高度的时候，可以将枝条剪短，并将其整理得很紧凑。此时，要考虑在哪里修剪能开花的粗枝，才能不减少花量，同时实现均衡的配置。

年轻的枝条中越粗的开花越好。例如，从植株基部长出来的年轻枝条生长到第二年时，从距离地面 15~20cm 的地方开始修剪，一般都会开花。

剪短枝条后植株会变弱，所以对于强健的品种（容易长大的品种），或是修剪者比较擅长修剪工作时才能重剪枝条。

一般来说，修剪是以笋芽高度的 1/3 左右为基准。虽然剪短后植株的长势会变弱，但是因为养分集中到少数粗壮枝条的芽上，所以能形成大型的花或花簇。

修剪前后（'摩纳哥公主卡洛琳'月季）

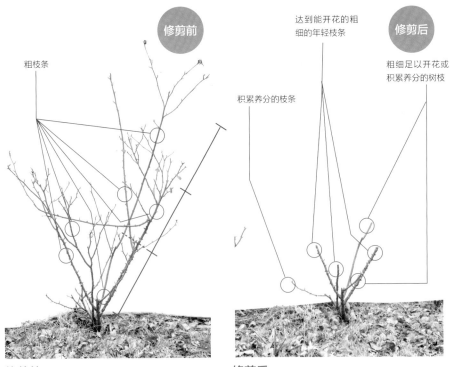

修剪前

粗枝条

达到能开花的粗细的年轻枝条

修剪后

积累养分的枝条

粗细足以开花或积累养分的树枝

修剪前
把最粗的长枝条修剪到 1/3 的高度。考虑好将看起来能开花的粗枝条均匀地修剪到什么程度。

修剪后
一直生长到秋季的枝条在顶端均匀分布，发芽的时候光照良好。此时植株还年幼，如果希望高度更低，再剪一半也可以，但这样花的数量会减少，植株的长势也会变弱。

希望株型紧凑时的修剪（'摩纳哥公主卡洛琳'月季）

1
观察植株整体
确认上一年伸展的枝条。通过预测枝条伸展的长度来决定株高。这次将植株修剪到1/2左右的高度，尝试让花在照片上人手的高度开放。

希望开花的高度

2
剪掉枯枝
首先，将明显的枯枝从植株基部剪掉。

3
剪掉细弱枝
细弱的枝条很难发出壮实的芽，所以如果感觉枝条比较拥挤的话，就把细弱的枝条从基部剪掉。

从1/2左右的高度剪断

4
修剪粗壮的笋芽
将粗壮的笋芽修剪到1/2左右的高度，周围粗壮的年轻枝条全部参照修剪后的笋芽的高度进行修剪。

* 安全起见，请佩戴皮手套操作。

5
修剪枝条①
除了笋芽以外的枝条，全部在顶端分枝条下方的新枝条部位短截。

6
修剪枝条②
从粗枝条附近伸出来的细弱、没有芽的枝条，从基部剪除。粗枝条修剪至1/2的长度。

7
枝条更新
因为新的粗枝条照不到阳光，所以把带有细枝条的老枝条剪掉。

新枝条　老枝条

开花

在高度被控制的状态下，虽然花的数量减少，但是也可以开出美丽的花。

修剪③——藤本株型月季的修剪和牵引

（藤本株型月季、偏藤本株型的可藤可灌株型月季）

藤本株型月季的牵引，首先是把不能牵引的短枝条剪掉，剩下的长枝条均匀牵引。

最大限度地利用储存的大量养分

藤本株型月季修剪中有一个重要问题，就是要确认上一年是在多粗的枝条上开花。

藤本株型月季顶端的芽优先生长，这叫做"顶端优势"，要最大限度地利用藤本株型月季的顶端优势，增加开花数量。

首先，将短枝条中能开花的枝条保留 2~3 个芽，使小枝顶端的芽（顶芽）开花。剪掉那些光线照不到、粗度不足以开花的枝条，让养分集中到其他可以开花的枝条上。

修剪到一定程度后，把藤条束缚到构筑物上的操作叫做"牵引"。要想增加开花量，可以以接近水平的角度横向牵引粗而长的新枝条，这样顶芽会增多，向上的芽全部都能开花。而想要把植株养壮的话，牵引藤条的角度要稍微小一些，不要强制横拉，藤条之间保持不拥挤的间隔进行整体牵引。

牵引的基本类型

拱门的牵引
枝条柔软的品种尽可能横倒牵引，枝条硬的品种在缺口分散配置。

塔形花架的牵引
牵引柔软的枝条环绕整个塔形花架，枝条硬的品种在缺口处分散配置。

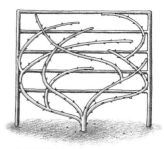

栅栏的牵引
枝条越柔软，越适合低矮的栅栏，栅栏的宽度不够的话，可以在边上折回去。

更新枝条

留下粗壮健硕的笋芽
图片上是去年从植株基部长出的基部笋芽，今年又发出了三个侧笋芽。如果有足够的空间牵引的话，可以保留所有的笋芽。如果空间不够的话，可以按照 A-B-C 的顺序修剪，理想的状态是留下最粗、最有活力的第 2 个侧笋芽。

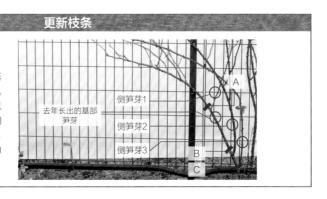

修剪、牵引前后（'法国礼服'月季）

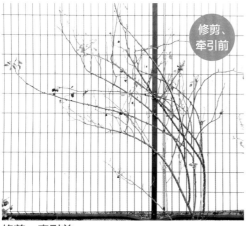

修剪、牵引前

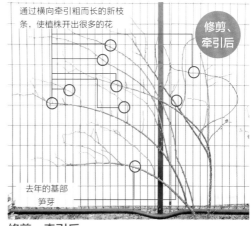

通过横向牵引粗而长的新枝
条，使植株开出很多的花

修剪、牵引后

去年的基部
笋芽

修剪、牵引前
修剪、牵引之前的植株，枝条整体向上生长，把不要的
枝条都剪掉，降低整体高度。

修剪、牵引后
剪掉细枝条，从老枝条开始，按顺序从下方开始牵引。越
是年轻的枝条，牵引时弯曲的角度越要小一些，避免折
断。为了发出粗枝条，保留了较多的小枝条。因为植株比
较年轻，所以以培育植株为目的进行修剪。

藤本株型月季的修剪、牵引（'法国礼服'月季）

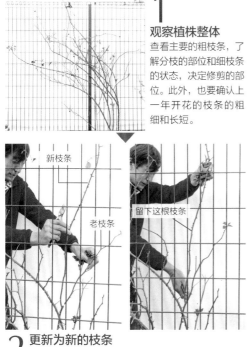

1 观察植株整体
查看主要的粗枝条，了
解分枝的部位和细枝条
的状态，决定修剪的部
位。此外，也要确认上
一年开花的枝条的粗
细和长短。

新枝条
老枝条
留下这根枝条

2 更新为新的枝条
从老枝条中发出的数根新枝条中，如果有粗而长
的枝条，那么就用这根枝条更新老枝条。

* 安全起见，请佩戴皮手套操作。

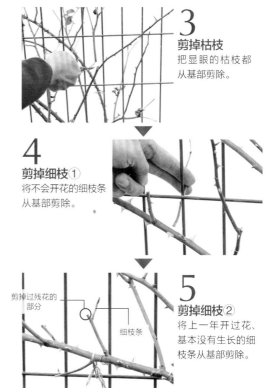

3 剪掉枯枝
把显眼的枯枝都
从基部剪除。

4 剪掉细枝①
将不会开花的细枝条
从基部剪除。

剪掉过残花的
部分
细枝条

5 剪掉细枝②
将上一年开过花、
基本没有生长的细
枝条从基部剪除。

藤本株型月季的修剪、牵引（'法国礼服'月季）

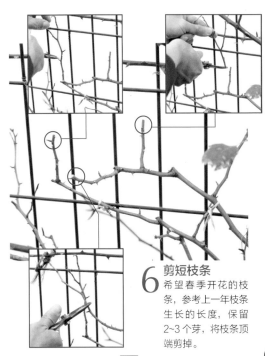

9 查看需要牵引的枝条
将枝条大致清理干净后，一边牵引一边修剪。使老枝条垂下来，新枝条向上伸展，以抑制弯曲应力。

6 剪短枝条
希望春季开花的枝条，参考上一年枝条生长的长度，保留2~3个芽，将枝条顶端剪掉。

10 剪掉旧的绑扎绳
把需要重新牵引的枝条从栅栏上解下来。

7 剪掉基部的枝条
将与其他笋芽相比明显细弱的基部笋芽从基部剪除。

要点

11 牵引枝条
本次使用容易牵引的塑料扎带，牵引的顺序是从植株基部向枝梢依次牵引。

要点

8 剪掉残花
秋季的残花没有摘除的或是留着观赏果实的枝条，在分枝的枝条上保留2~3个芽，将残花或果实整簇剪除。

12 修剪拥挤的枝条
牵引后，将重叠的枝条、拥挤的枝条从基部剪除。

13

牵引老枝条

把老的弱枝条牵引到较低的位置，即使不能开花也可以聚集养分。

14

牵引、修剪枝梢①

把枝梢牵引到栅栏上、固定，剪掉不能开花的细枝梢。

要点　U 形回折

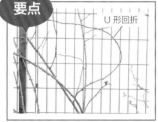

15

牵引、修剪枝梢②

如果有柔软的枝条，让枝条 U 形回折，牵引绑好。

栅栏的网眼粗一些比较好

钻入网眼的部分

防止枝条钻入出不来

要想把钻入栅栏网眼后生长几年的枝条拉出来，只能从基部剪断了。使用网眼较粗的栅栏的话，钻入网眼的枝条会比较容易拉出来，牵引的自由度会提高。像图片中的状况，只能就那么牵引，或是剪断了。

16

牵引、修剪枝梢③

剩下的枝条也同样牵引、修剪枝梢。粗枝条以接近平行的角度牵引。

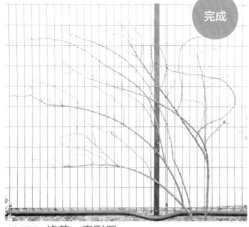

完成

17

修剪、牵引后

虽然一部分枝条有交叉，但基本是以接近平行的角度将枝条牵引到整个栅栏上。

开花

剪短后的枝条上的芽发出枝条、开花。上部日照条件好的枝条上开花。

* 安全起见，请佩戴皮手套操作。

修剪④——纵向伸展类型的修剪

（直立株型月季、偏直立株型的可藤可灌株型月季）

四季开花的直立株型月季和偏直立株型的可藤可灌株型月季，能长得特别高，要重剪来控制高度。

重剪，使枝条紧凑

四季开花的直立株型月季和偏直立株型的可藤可灌株型月季的枝条长势旺盛、纵向伸展，枝条中容易储存养分，通过修剪枝条，能使植株变紧凑，更稳定地开花。

修剪在抑制长势的同时，还能降低高度，让花开放在容易观赏的地方。

虽然根据品种和生长情况的不同，修剪的高度会有所变化，但一般会修剪到植株高度的1/4~1/2。

如果是健康、有活力的植株，将上一年的新枝条只留下10cm都没有问题。生长出的基部笋芽也可以根据需要的高度来修剪。

这个类型的月季，让枝条集中在上部生长，比较节省空间。但如果枝条基部有照得到阳光的枝条，可以保留下来。把粗壮的新枝条也剪短，让它上下一同开放。

修剪前后（'摩纳哥公主夏琳'月季）

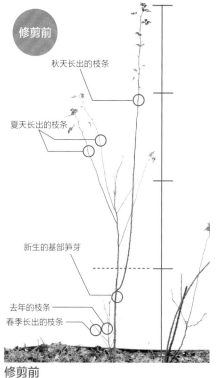

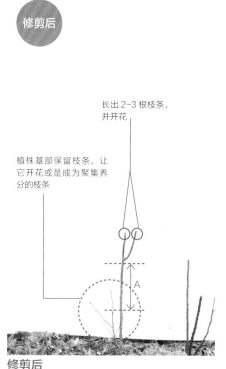

修剪前

1年中，基部笋芽生长了2m以上。具有可藤可灌株型月季的特性，枝条长势越旺盛，长得越长。这个品种春季的头茬花在短枝条上开放，第二茬花开过后，枝条容易长长。

修剪后

在植株高度的1/4处修剪枝条，以控制高度。重剪能削弱长势，使植株不容易长得太大。因为留下了2根枝条，所以养分也会分成2份，然后从每根枝条上发出2~3根分枝开花。如果在图中A处修剪，能长出3~4根粗长的枝条，紧凑地开花。

纵向伸展的类型的修剪（'摩纳哥公主夏琳'月季）

1 确认修剪位置

确认生长的枝条，决定修剪的高度。因为有2根壮枝，所以在这里分散养分，增加枝条数。

2 修剪枯枝

重剪枝头部分，如果基部有枯枝，从基部剪掉。

要点

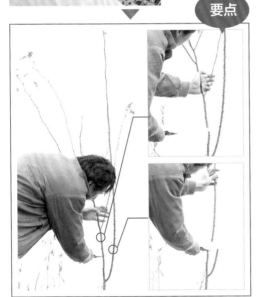

3 以基部笋芽为基准修剪

将枝条重剪，保留大约1/4的高度。这时留下的枝条会分别发出多个分枝，从而抑制枝条的高度。

4 整理低处的枝条

如果枝条位于较低的位置，在植株基部附近有光照的位置可以开花。而低处照射不到阳光的枝条，不能开花，要将其剪掉。

5 修剪枝梢①

剪掉细枝的枝梢，让养分集中在芽上。

完成

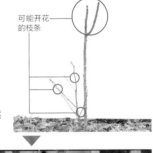

可能开花的枝条

6 修剪枝梢②

修剪其余的枝条，然后就完成了。

开花

高度被降低，花也被分成上下两部分开放。

* 安全起见，请佩戴皮手套操作。

173

修剪⑤——整形修剪 （枝条密生的可藤可灌株型月季）

整体的新枝条细密生长的可藤可灌株型月季，要用树篱剪进行整形修剪。

脑海中想象着完成时的形状来修剪

枝条细分枝的类型的可藤可灌株型月季，只要保留新枝条的枝梢，在哪里修剪都能开花，这种类型的月季可以用树篱剪来修剪。

整形修剪的时候，要在脑海中想象着完成时的形状来进行。修剪得太重的话，枝条数会变少，所以要选择枝条剩余多的部分，来决定修剪的形状。修剪的过程中，要时不时地从稍远的地方观察一下，看看有没有凸凹不平的地方。

如果有用树篱剪剪不断的粗枝条，就改用修枝剪剪断。修剪后，把修剪掉的枝条收拾干净，就完成了。

整形修剪的要点在于，保留生长1年以内的年轻枝条。因此，如果有老枝的话，要尽早更新成年轻的树枝并进行整形修剪，如果没有年轻的枝条，就放弃整形修剪，改为普通的修剪。整形修剪的基本要点和其他的修剪一样。

树篱剪的朝向

正面
修剪低处时，将剪刀柄和剪刀刃的角度小于180度的一面对着自己来使用。

反面
在高位修剪时，将剪刀柄和剪刀刃的角度大于180度的一面对着自己来使用。

树篱剪的操作方法

用自己惯用的手来活动，不惯用的手固定不动。善用右手的人可用左手固定，使用右手修剪。

修剪前后（'薰衣草梅蒂兰'月季）

修剪前
修剪前
因为枝梢分枝很细，所以选用树篱剪进行整形修剪，可以缩短修剪时间。

修剪后
修剪后
保留着新枝条，整体进行了整形修剪。有意识地修剪成圆顶形。

174

整形修剪（'薰衣草梅蒂兰'月季）

1 沿着弧线进行修剪①
脑海中想象着完成后的线条，从一端开始修剪。

2 沿着弧线进行修剪②
修剪顶部和剩余部分，将整体处理得清爽一些。

要点

3 剪掉粗枝条
把树篱剪剪不断的粗枝条用修枝剪重剪。这样的枝条容易长出长枝条，所以要重剪。

4 剪掉枯枝
将枯枝从基部剪掉。植株内部容易产生枯枝，要仔细确认。

5 确认
离远一点查看，确认修剪得是否均匀。

6 微调
确认后，把突出来的枝条剪断，进行微调。

完成

7 清理断枝条
把剪断的枝条清理干净，完成。

开花

大胆地整形修剪后，分枝细密，植株整体开满鲜花。

* 安全起见，请佩戴皮手套操作。

欣赏果实

月季中有容易结果实的品种，秋天也可以欣赏果实。想要观赏果实的话，不要剪掉所有的残花，保留一点。

月季的果实根据品种不同，颜色可以有红色和橙色等，形状也有差异，有细长形、球形、橄榄球形等。不同品种的果实颜色、形状和大小都有不同的个性。

月季的果实可以装点颜色较少的秋季庭院，或是剪下来制作圣诞花环。我们所熟知的可用于泡茶或食用的"玫瑰果"，实际上是指月季的野生种——犬蔷薇（狗蔷薇）的果实，因为富含维生素C，味道偏酸，所以在欧洲常被用来做果酱和果茶等。

尤其是一季开花的月季，最适合春季赏花、秋季观果。

香水月季的果实。橘黄色，球形。

'芭蕾舞女'月季的果实，果实成熟的时机合适的话，可以和秋天的花朵一起观赏。

犬蔷薇的果实，富含维生素C，也就是我们熟知的"玫瑰果"。

金樱子的果实。果实形状为橄榄球形，被毛刺包裹。

雪山蔷薇的果实，形状细长，熟透后呈鲜红色。

紫叶蔷薇的果实。有个性的茶色果实。

'西班牙美女'月季的果实，形状像洋梨，橘色。

'阿瑟·希勒'月季的果实，红叶和果实交相辉映。

野蔷薇的果实。可爱的球形果实能装点秋季的庭院。

第 5 章

与月季搭配的宿根草本
植物和一年生草本植物

与月季搭配的草花要根据月季的生长状态和搭配的平衡来选择。
一年生草本植物是指在一年内完成从发芽到枯萎的全过程的草本植物。
宿根草本植物是指即使地上部分枯萎，也能再次发芽并生长多年的植物。

※ 各种数据资料均基于日本关东以西地区（气候类似我国东南沿海城市），在寒冷地区的表现会有不同。

月季和草花的组合方法

在月季庭院中，注意挑选对月季的生长没有影响的草花，这点非常重要。

配合月季的高度，与其他植物组合种植

要打造月季和草花混合种植的庭院，推荐选用藤本株型月季和四季开花、叶子繁茂的可藤可灌株型月季。花坛的前景部分或狭小的庭院可使用 ADR 认证品种（58 页）。狭窄的庭院适合种植不会长太大的品种。

为了保证月季的健康生长，确认草花叶子的高度非常重要。月季从基部到生长高度的1/3 左右，叶子脱落也没有问题，所以即使这部分被草花覆盖，也不会影响月季的生长。

无论是月季还是草花（宿根草本植物）的高度都会随着成长而变化，挑选品种时也要考虑到成长后的姿态和高度。

此外，高的草花要种植在距离月季足够远的场所。只有花朵伸展得比较高，叶子集中在植株基部茂盛生长的草花，可以种植在月季的附近。在月季底部或是北侧，可以种植耐半阴的草花。

草花分为以下 4 种类型。

不同环境的种植空间（与月季搭配的宿根草本植物和一年生草本植物的类型）

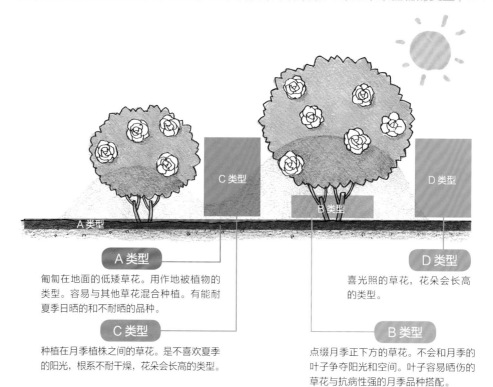

A 类型

匍匐在地面的低矮草花。用作地被植物的类型。容易与其他草花混合种植。有能耐夏季日晒的和不耐晒的品种。

C 类型

种植在月季植株之间的草花。是不喜欢夏季的阳光，根系不耐干燥，花朵会长高的类型。

D 类型

喜光照的草花，花朵会长高的类型。

B 类型

点缀月季正下方的草花。不会和月季的叶子争夺阳光和空间。叶子容易晒伤的草花与抗病性强的月季品种搭配。

A 类型

覆盖在月季底部的大片野草莓。

不影响月季生长的草花，适合种植在离月季较近的地方。不仅能覆盖地面，同时也能成为庭院的一景。较低的草花很难抵御杂草，需要勤除杂草。

B 类型

种植在月季底部的古铜色叶的矾根。

种植在月季植株底部的草花。生长在不会与月季争夺生长空间的高度，喜半阴的环境。种植一定量的植株，观赏效果不亚于其他的植物。早春开花的低矮球根植物也适合在这个空间种植。

C 类型

花朵长得很高的毛地黄。

在月季的植株之间这种背阴时间较长的场所也能生长的草花。适合选用不耐夏季暴晒的草花、早春开花的低矮球根植物，或者不喜底部有日晒的草花。栽种花序很高的草花，能使整个空间变得特别华丽。

D 类型

花向上生长的'卡拉多纳'林地鼠尾草。

这类草花喜光照，要离月季远一些种植。开始的几年可以和一年生草本植物混合种植，2~3年后会长成大棵植株。应选择叶子在基部繁茂生长，只有花长得很高的草花，以利于光线通过。

第 5 章

与月季搭配的宿根草本植物和一年生草本植物／月季和草花的组合方法

179

花韭 A 类型

株高：5~20cm　　　　　花色：白色、淡蓝色等
花期：3~5 月　　　　　　日照：全日照 ~ 半阴（夏季休眠）

特征 春季会开出紫色或白色的星形花朵。植株皮实，适合种植在花坛或庭院里，不用花费很多精力管理。当茎或球根受伤时，会散发出韭菜或葱一样独特的刺激性气味。

栽培条件 喜光照良好的种植环境。温暖地区种植时，在月季落叶时开始长出叶子、存储养分并茁壮生长。对土质没有特殊要求。耐干燥，不需要经常浇水。

匍匐筋骨草 A 类型

株高：3~20cm　　　　　花色：粉色、蓝紫色
花期：4~5 月　　　　　　日照：半阴

特征 多年生常绿草本植株，通过走茎繁殖。有斑叶和古铜色叶的品种，适合作为地被植物种植。有许多园艺品种，直接日晒或受寒时叶子会变成紫褐色。

栽培条件 不喜强烈的阳光，适合种在半阴的环境中。不择土壤，只要不是过湿、过干就可以。在没有西晒的向阳处种植时，叶色会变深。混合种植时，斑点不会持久。

堇菜（宿根草本植物） A 类型

株高：5~10cm　　　　　花色：蓝色、紫色等
花期：12 月 ~ 次年 3 月　　日照：半阴（夏季休眠）

特征 和角堇、三色堇同属于堇菜属，该属还有香味非常好闻的香堇菜和叶子会变成美丽的红色的加拿大堇菜等。是早春开花的重要草花。

栽培条件 喜排水性好的土壤。由于不耐暑热，所以适合种植在月季下方等半阴的地方。堇菜植株较矮，是非常适合与月季搭配的草花。

欧活血丹 A 类型

株高：3~10cm　　　　　花色：紫色、粉色等
花期：4~5 月　　　　　　日照：全日照 ~ 半阴

特征 叶片近圆形，灰绿色，有些品种边缘有白色的斑点。叶子的颜色能和月季的花色相互映衬。在地面能长出一大片，是皮实的地被植物。初春会开出紫色的小花。

栽培条件 在全日照到半阴的环境中都可以栽培。耐寒性、耐热性强，但不耐干燥。常绿草本植物，无论是斑叶还是红叶的品种都很漂亮。斑点消失退化的枝条应立即拔出。

金叶过路黄 A 类型

株高：5~15cm 花色：红色、黄色等
花期：4~8 月 日照：全日照 ~ 半阴

特征 珍珠菜属植物，该属约有 200 个种分布在北半球地区。叶子有绿色、黄色等各种颜色。和月季搭配时，常用作地被植物来覆盖地面。

栽培条件 从全光照到半阴的环境都能适应，不耐干燥，喜湿润的土壤。特别耐寒、耐热。混合种植时，如果过于拥挤，中心部分会生长不良，因此应保持一定的距离种植，使其彼此覆盖。

葡萄风信子 A 类型

株高：10~25cm 花色：蓝紫色、蓝色、白色
花期：4~5 月 日照：全日照（夏季休眠）

特征 秋植球根植物，春季会开出鲜艳的蓝紫色穗状花朵。品种变化多，有开筒状或羽毛状花朵的品种。常被作为覆盖地面的宿根草本植物种植。

栽培条件 喜阳光充足、排水良好的场所。种植后几乎不需要管理是其魅力之一。特别是亚美尼亚葡萄风信子，在温暖地区，从深秋开始叶子生长茂密，夏季则没有叶子，和月季非常相配。

野草莓 A 类型

株高：15~20cm 花色：白色
花期：3~7 月、9~10 月 日照：全日照 ~ 半阴

特征 广泛分布于欧洲到亚洲北部，在日本被称为"虾夷蛇莓"。除了低温或高温期以外，全年都能开出白色的花朵，并结出果实。具有一定的耐寒性，适合用作地被植物。

栽培条件 喜阳光充足、通风良好的场所。在半阴的环境下也能生长，但在全日照的环境下开花、结果性更佳。非常容易繁殖。

野芝麻 A 类型

株高：10~40cm 花色：白色、粉色等
花期：5~6 月 日照：半阴

特征 原产于欧洲、北美和亚洲的温带地区的多年生草本植物。虽然有各种各样的种类，但最常使用的是紫花野芝麻的园艺品种。适合作为地被植物使用。

栽培条件 适合在半阴、排水良好的场所栽培。植株宽度能生长到 40cm 左右，所以需要保留足够的株距。在温暖地区，高温时期的干燥和闷热会导致植株变弱，需要注意。

蝇子草 A 类型

株高：5~120cm　　　　　花色：白色、粉色
花期：5~8 月　　　　　　日照：全日照

特征 大约有 300 种同属植物，多分布于北半球地区。照片中的花叶海滨蝇子草的花很独特，带白色斑纹的叶子和月季非常搭配。

栽培条件 喜欢光照充足、排水性好的场所。被广泛种植于月季底部、光照良好的窄花坛。耐干燥性强，每日浇水是造成其枯萎的原因。与月季搭配，会长成毯子般的一大片。

柔毛羽衣草（斗蓬草） B 类型

株高：30~40cm　　　　　花色：黄绿色
花期：5~6 月　　　　　　日照：全日照 ~ 半阴

特征 轻盈的黄绿色小花聚集在一起开放，给人纤柔的印象。灰绿色的叶子和花朵一起，为庭院增添明亮感。可作为地被植物或边界植物种植，也可用于插花，用途多样。

栽培条件 在寒冷地区适合与大型月季搭配。在高温多湿的环境中植株很容易变弱，所以在温暖地区宜种植在光照充足、通风良好的地方。

花叶羊角芹 B 类型

株高：30~80cm　　　　　花色：白色
花期：6 月　　　　　　　日照：半阴 ~ 全阴

特征 浅绿色的叶子上带有白色的斑纹。通过根系进行扩张，可以用作地被植物或混合种植，也可以用作彩叶植物。适合种植在月季底部，不影响月季的生长，非常容易栽培。

栽培条件 炎热的夏季要注意防强光和干燥。不喜日晒，最好在月季落叶后附近还能有一些遮光的宿根草本植物。呈地毯般展开的样子非常漂亮，适合密集种植。

绵枣儿 B 类型

株高：5~80cm　　　　　花色：白色、粉色、紫色、蓝色、复色
花期：3~6 月　　　　　　日照：半阴

特征 在欧亚大陆、南非和热带美洲有 100 个以上的原种。会开出星形或吊钟状的穗状小花。虽然种类很多，但都不需要每年翻种，放任不管也能多年开花。

栽培条件 虽然喜欢阳光，但因为叶子在春季展开，所以在落叶树下每年都能开花。品种很多，其中大型的品种适宜与直立株型的大型月季搭配。在寒冷地区，不适合种植在庭院里。

肺草　　　　　　　　　　　B 类型

株高：约 30cm　　　　　花色：蓝色、粉色、白色、紫色
花期：4~6 月　　　　　　日照：全日照~半阴

特征 大约有 14 个原种，大多数的园艺品种被作为彩叶植物种植。叶色不仅有绿色，还有斑叶或银白色叶的，能观赏到紫色或粉色的杯状花朵。

栽培条件 需要注意高温引起的干燥。适合种植在月季底部，夏季有月季叶子遮挡日晒，不会被灼伤。适合与抗病性强的月季搭配种植在夏季没有强烈日晒、南侧有大型宿根草本植物遮挡的地方。

矾根　　　　　　　　　　　B 类型

株高：20~40cm　　叶色：古铜色、银色、黄色、绿色、斑叶
花期：5~6 月　　　　日照：半阴

特征 有绿色、银色、古铜色和斑叶等丰富的叶色，是非常受欢迎的彩叶植物。有很多不仅叶子好看、花朵也很美丽的品种，可以用来装点庭院。不同叶色的品种混合种植也非常有魅力。

栽培条件 有的品种不耐热。体型从大型的到小型的都有，要了解清楚后，根据需要选择适合的品种种植。有些品种虽然花很美丽，但花穗会长得很高，不适合种植在月季的底部。

耧斗菜　　　　　　　　　　C 类型

株高：30~50cm　　　　花色：白色、粉色等
花期：5~6 月　　　　　日照：全日照~半阴

特征 原产于欧洲的欧耧斗菜和北美洲产的大型花品种杂交后的产物，在日本被称为西洋耧斗菜。是寿命较短的宿根草本植物，每次开放 10 朵左右的花，开花时会垂头。

栽培条件 虽然能够在半阴环境下生长，但最适合上午有光照，下午半阴的场所。夏季在有月季遮挡的场所种植，避免强烈的阳光。注意土壤不要过湿或过干。

星芹　　　　　　　　　　　C 类型

株高：30~80cm　　　　花色：粉色、红色、白色
花期：5~7 月　　　　　日照：半阴

特征 大约有 10 个原种，园艺上种的大多数为大星芹。看起来像是花瓣的实际上是小型的苞叶，筒状的小花呈半球形密集开花。突起的雌蕊是其特征。

栽培条件 在寒冷地区种植，能开出惊艳的效果。花会长得很高，推荐和直立性的大型月季搭配。比起庭院栽培，盆栽的观赏时间更长。

玉簪

C 类型

株高：20~180cm 　　　叶色：绿色、黄色、斑叶等
花期：6~7 月 　　　　日照：半阴

特征 别名白鹤仙、拟宝珠。种类繁多，如圆叶玉簪、秀丽玉簪等。叶形、叶色丰富，被广泛作为观叶植物种植。适合种植在背阴的场所。

栽培条件 要避开夏季强烈的日光，无需精心照顾。根据品种不同，植株大小也有差异，与月季搭配时，中型的品种比较合适。大型品种的玉簪 6~10 年就能长成巨大的植株，因此种植时要距月季 1m 左右。

落新妇

C 类型

株高：30~80cm 　　　花色：粉色、红色、白色、紫色
花期：5~7 月 　　　　日照：半阴

特征 目前栽培的主要是改良后的园艺品种。花色和外型多种多样，也有彩叶品种。

栽培条件 是不需要精心管理的植物。根据品种不同，株高会有变化，要注意不要让其被周围的植物遮盖住。夏季应避免西晒，这样就能保持美丽的叶子。

毛地黄

C 类型

株高：60~130cm 　　　花色：白色、粉色、橙色和黄色等
花期：5~7 月 　　　　日照：全日照（夏季半阴）

特征 大量的钟形花呈穗状密集盛开，有些品种能长到一人高。高挑优雅的姿态和花朵，非常适合欧式庭院。植株有一定高度，与月季搭配时应与月季底部保持一定距离。

栽培条件 夏季过于闷热时很容易枯萎，要注意通风。庭院栽培时不需要浇水。和月季、草花一起种植时，如果能安全渡夏就能生长 3~4 年。梅雨季节前应摘除植株基部的枯叶，避免因过于闷热而影响植株生长。

铁筷子

C 类型

株高：30~60cm 　　　花色：紫色、粉色、红色、白色
花期：2~4 月 　　　　日照：半阴

特征 有各种各样的花型和花色的品种，是非常受欢迎的多年生草本植物。大多数为常绿品种，但也有落叶的品种。叶子和花朵气质别致，适合各式庭院。

栽培条件 喜排水良好的场所，在夏季不会酷热的环境下，不需要费心管理。庭院栽培的铁筷子不需要浇水，但花会长得很高，与月季搭配时，要选择直立性的月季。非常适合在月季的无叶期与其搭配。

翠雀 `C 类型`

株高：50~200cm　　　花色：白色、粉色、蓝色、紫色、复色
花期：5~6 月　　　　　日照：全阴

特征 有长长的花穗上的花非常密集、有分量感的类型，也有姿态纤细、花朵稀稀落落地开的类型等，种类丰富。耐寒性好，适合在寒冷地区种植。

栽培条件 是一种寿命较短的宿根草本植物，在温暖地区常作为一年生草本植物栽培。种植早秋上市的幼苗，用液肥等促根长大。当头茬花穗的花期即将结束时，修剪到 30cm 左右，能欣赏到二茬花。

水仙 `C 类型`

株高：15~40cm　　　　花色：黄色、白色、橙色、复色
花期：12 月～次年 4 月　日照：全日照（夏季休眠）

特征 在地中海沿岸地区（包括英国、欧洲中部和北非）自然生长了大约 30 种。它的特点是喇叭状的花，但形状和颜色多种多样。有的品种于秋季至次年初夏生长，夏季休眠。

栽培条件 喜欢阳光充足、排水好的场所。多数从早春就长出叶子，为了使其每年开花，要注意周围花草的大小，确保叶片在 5 月前都能照到阳光。

虎耳草 `C 类型`

株高：10~50cm　　　花色：粉色、白色
花期：5~7 月　　　　日照：半阴

特征 在自然界中，常生长在潮湿、半阴的岩石上。下方的两片花瓣很长，独特的形状很有特色。通过匍匐茎繁殖，可用作地被植物。

栽培条件 不耐干燥。种植后很容易繁殖。群植很漂亮，所以最好集中种植。月季枝叶繁茂后开始开花时，将其配植在月季基部非常合适。

郁金香 `C 类型`

株高：10~50cm　花色：红色、粉色、黄色、橙色、紫色、白色等
花期：3~5 月　　　日照：全日照～半阴

特征 秋植球根植物。有原种系和园艺品种系。有单瓣、重瓣、流苏等花型，花色多种多样。在月季没开花的时期，能给庭院增色。不会覆盖月季，不影响月季的生长，非常适合与月季搭配使用。

栽培条件 凉爽的时间越长，叶子越不容易枯萎，每年都很容易开花。在原种系中，大一点的比较容易和月季搭配。不要在其周围种植大型的草本植物，确保叶片能照到阳光，这样每年都会开花。

花葱 D 类型

株高：10~120cm　　花色：紫色、粉色、白色、黄色、复色
花期：4~6 月　　　　日照：全日照

特征 与大蒜和葱同属于葱属，该属大约有 700 个野生种。在没有叶子的长花茎上开出大型的球状花。春季叶子生长，夏季休眠。因为能与其他草花茂盛生长的时期错开，所以非常容易搭配。

栽培条件 适合种植在离月季稍远的、阳光充足、排水良好的场所。不喜过干或过湿。当花朵褪色时，需要尽早从花茎基部剪断。

老鹳草 C 类型

株高：20~60cm　　花色：粉色、白色、紫色
花期：4~6 月　　　日照：半阴

特征 有多种多样的种类，其中高山性的白山老鹳草，深受深山草爱好者喜爱。花色和花型丰富，像地毯般展开的生长姿态，非常适合作为地被植物使用。

栽培条件 适合种植在光照、排水和通风良好的场所。在整天都很明亮的背阴处也可以种植。不耐暑热，适合在月季的背阴处等能遮挡阳光的地方种植。

松果菊 D 类型

株高：60~150cm　　花色：粉色、红色、黄色等
花期：6~9 月　　　　日照：全日照

特征 花茎笔直生长开花的宿根草本植物。花色和花型丰富多样，根据品种不同，花瓣下垂的形态也会变化。花期长，是夏日庭院里不可或缺的观花植物。

栽培条件 喜光照、排水良好的场所。植株最高能长到150cm，在花坛中和月季一起种植时，要根据月季的高度选择相配的品种。植株较高的重瓣品种容易倒伏，要注意。

加勒比飞蓬 D 类型

株高：10~40cm　　花色：白色、粉色
花期：5~11 月　　　日照：全日照

特征 菊科的多年生草本植物，与春飞蓬和一年蓬同属于飞蓬属。小型的花朵一开始为白色，渐渐变为粉色，能观赏到两种花色。是一种优秀的地被植物。

栽培条件 喜光照，在阳光较少的地方会开花不良。靠种子自播繁衍。植株生长旺盛，有时会攀长到月季上，这时候需要帮月季修剪掉。

非洲菊 `D 类型`

株高：10~80cm　　　花色：红色、粉色、白色、黄色等
花期：四季开花性　　　日照：全日照

特征 花茎从基部聚集生长的叶子中伸出，开出给人以明亮印象的花朵。有单瓣、重瓣等花型，花色也很丰富。近年来，开始有许多适合庭院栽培的大型品种。

栽培条件 适合光照、通风和排水良好的场所。叶子集中在植株底部，不会给月季投下阴影，适合靠近月季种植。但是，需要注意，光照不足会导致开花不良。

蕾丝花 `D 类型`

株高：40~80cm　　　　　　　花色：白色
花期：4~6 月　　　　　　　　日照：全日照

特征 原产于欧洲的常绿多年生草本植物，常作为一年生草本植物种植。密集生长的白色小花，仿佛蕾丝一般。叶子绿色、细裂，给人以纤细清秀的印象。

栽培条件 适合在光照和排水良好的场所种植。通过种子自播繁殖，因为结出的种子很多，所以不需要保留那么多，可以大胆地修剪残花。适合种植在大型直立株型月季的底部。

新风轮菜 `D 类型`

株高：30~40cm　　　花色：白色、淡紫色、粉色
花期：6~11 月　　　　日照：全日照 ~ 半阴

特征 有许多的种类，种植最多的是荆芥叶新风轮菜。花朵为白色带淡紫色，虽然花很小，但花期很长，能从初夏一直开到秋季，为庭院增添色彩。叶子可用来制作成花草茶。

栽培条件 喜排水好、全日照或半阴的场所。与月季的体型很相配，虽然植株比较高，但阳光能很好地穿过。生长茂盛，适合种在下部有些空的月季底部。

荆芥 `D 类型`

株高：30~80cm　　　花色：粉色、蓝紫色、白色
花期：5~10 月　　　　日照：全日照

特征 是作为观赏植物而培育的，园艺品种有很多。蓝紫色的小花呈穗状密集盛开，是有着薰衣草氛围的宿根草本植物。花期很长，在园艺中经常使用。

栽培条件 喜光照、通风和排水良好的场所。耐寒性好，在寒冷地区能长时间开花。不会像薄荷一样通过地下茎到处扩张，非常容易和月季组合种植。

'卡拉多纳' 林地鼠尾草 `D 类型`

株高：40~60cm　　花色：蓝紫色
花期：6~11 月　　日照：全日照

特征 宿根的鼠尾草，花穗直立向上生长。深蓝紫色的花朵和月季非常搭配。为了能够长时间观赏到花朵，应适当修剪。

栽培条件 适合种植在阳光充足、排水良好的场所。推荐偏干燥的管理，庭院栽培时不需要浇水。花后进行修剪，能再次开花。因为花长得较高，要注意不要触及月季的枝条。

无性系彩叶草 `D 类型`

株高：20~30cm　　叶色：紫色、红色、绿色、黄色、粉色
花期：6~10 月　　日照：全日照

特征 有着紫色、红色、黄色等丰富叶色的观叶植物，非常有魅力。不会开花，能够从初夏一直观赏到秋季。很容易长成一大棵，太高会妨碍月季的生长，所以要挑选植株较矮的品种。

栽培条件 适合种植在光照和通风良好的场所。无性系品种的特性为植株较矮，容易和月季搭配，较高的植株会遮挡住月季的阳光，很难搭配。

千日红 `D 类型`

株高：15~70cm　　花色：白色、红色、粉色、黄色、紫色
花期：5~11 月　　日照：全日照

特征 一年生草本植物。看上去像花瓣一样的，实为小苞片，苞片颜色有白色、红色、粉色等。耐高温和干燥，能长时间持续开花。可用作切花或干花。

栽培条件 喜光照和排水良好的场所。植株较高，蓬松而通透地生长，非常适合与华丽型的月季搭配。植株较矮的品种和小型月季搭配也非常棒。

宿根柳穿鱼 `D 类型`

株高：60~100cm　　花色：白色、粉色、黄色、紫色、复色
花期：6~9 月　　日照：全日照

特征 园艺品种的柳穿鱼，有一年生的柳穿鱼和生命周期较短的宿根柳穿鱼。宿根柳穿鱼和一年生的柳穿鱼相比，植株较高，给人野性的印象。长长的花茎上会长出穗状的花朵。

栽培条件 喜光照、排水和通风良好的场所。不耐湿，庭院栽培时不需要浇水。株型较矮的品种也会横向扩展。不会遮挡住月季的光照，是很容易与月季进行搭配的宿根草本植物。

钓钟柳 D 类型

株高：30~80cm   花色：粉色、红色、紫色、白色
花期：5~9 月   日照：全日照

特征 原种大约有 250 种，主要分布在北美洲西部和墨西哥。杂交品种很多，花色丰富。从初夏到秋天，长长的花茎上会依次开出大量吊钟形小花。

栽培条件 喜光照良好的场所，不耐西晒。耐干燥性强，但不耐夏季的闷热，寒冷地区生长的品种较多。勤摘残花，花后进行修剪，能二次开花。

长春花 D 类型

株高：10~80cm   花色：白色、红色、粉色、紫色、复色
花期：5~11 月   日照：全日照

特征 长春花属已知的有 8 个种，其中 7 个分布在非洲的马达加斯加地区。花型因品种而异，有波浪状和风车状等。

栽培条件 喜光照、通风和排水良好的地方。耐热性、耐干燥性强，初学者也能轻松栽培。庭院栽培时，除了夏季的炎热期以外，其他时期几乎不需要浇水。

绵毛水苏 D 类型

株高：20~40cm   花色：淡紫色、粉色
花期：5~6 月   日照：全日照

特征 叶子表面覆有银白色的绒毛，是一种触感很好的银叶植物。叶子一整年都能观赏，适合作为地被植物使用。伸出的长长的花茎顶端，会开出淡紫色或粉色的小花。

栽培条件 喜全日照的环境。耐旱、耐寒性强，不耐闷热，庭院栽培时不需要浇水。植株周围的杂草需要及时清理。植株生长得比较拥挤时，要及时分株，保证良好的通风。

新西兰麻 D 类型

株高：60~100cm   叶色：古铜色、紫色、红色、斑叶
花期：7~8 月   日照：全日照

特征 原产于新西兰的多年生草本植物。新西兰麻属已知的有 2 个种，即新西兰麻和山麻兰。不仅可以用于园艺种植，也可用于花艺设计等。

栽培条件 喜光照和排水良好的场所。与其他的植物混合种植时，植株容易变弱，应拉开距离种植。叶色鲜艳的品种耐寒性较差，在寒冷地区种植时应注意保护。

月季栽培用语辞典

A
矮性（矮生）
相比普通的个体的高度低的特性。

B
保水性
指的是土壤保持水分的能力。土壤颗粒越小，保水性越好。

C
彩叶植物
指的是拥有绿色以外的叶色的植物。

侧笋芽
指的是从枝条的中间生长出的长势良好的粗壮枝条。特别是老的植株，很容易长出侧笋芽。

常绿植物
指的是一整年都保持带有叶子状态的植物。

重复开花
指的是春季头茬花开过后，不定期开花的特性。

雌蕊
接受花粉的器官。

丛生型
许多根枝条从植株基部生长出的株型。

D
大苗
深秋到冬季期间上市的花苗，有开花需要的体力。因为是在没有叶子的时期销售的花苗，所以初学者不太容易判断植株是否有活力。（译者注：国内多称为裸根苗。）

氮
和磷、钾一起被称为植物生长的三要素。缺氮会引起生长不良，氮过量则容易造成徒长。

地被植物
指的是大面积覆盖地面的草花。

地下茎
在土壤中生长的茎。一部分植物通过地下茎来繁殖。

冬肥
种植在庭院里的月季，在休眠期需要施的有机肥料或堆肥。

多年生草本植物
能够生活二年以上的草本植物。

E
萼片
详见"花萼"。

F
防寒布
由棉或者化学纤维等织成的网状布。在园艺店等处有售。

防治病虫害
对病虫害进行预防和驱除。

腐叶土
阔叶树的落叶堆积、发酵后形成的土壤。一般用于土壤改良。

G
感谢肥
当月季头茬花开过后，需要及时给予的肥料。对于四季开花的大型花品种、由于病害等而容易失去叶子的品种有效果。

根团
将植物从花盆或假植盆中拔出时，根系和土连在一起的部分。

根系盘结
花盆中的根系长满整个花盆，导致根系无法再生长的状态。排水性、透气性和水分的吸收都会变差，严重影响植物的生长。

拱门
上半部为半圆形的构筑物。用来牵引藤本株型月季等植物。

号

花盆大小的单位。1 号盆指的是花盆口的直径为 3cm 左右，号数每上升一位，花盆口直径增大3cm。比如，3 号盆的花盆口直径约为 9cm 等。

花瓣

指的是花朵的组成部分。

花柄

指带有花朵的细长枝条（柄），也称为"花梗"。在月季中指的是从花的子房到离层（枝条的基部）之间的部分。

花萼

大多数花朵的外侧部分，由几片特殊的叶子组成，其中每片叶子被称为"萼片"。

花格子架

网格状的构筑物。通常用来牵引植物。

花梗

详见"花柄"。

花架

用木材等材料组装而成的供藤蔓缠绕的构筑物。代表性的有紫藤花架。

花茎

指的是会开花的茎。

花境

带状的自然式花卉布置形式。

花穗

花序很长，呈穗状。

花芽

指的是成长后会开出花朵的芽。

化学肥料

指的是含有氮、磷、钾中的 2 种及以上成分的化学合成肥料。

回剪

将长枝条剪短。回剪能促发新枝，并能促进其他枝条的生长。和"重剪"意思相同。

混合种植

指在花坛或花盆中同时种植多种植物。

基部笋芽

从植株基部冒出的长势强的粗壮枝条。

基肥

种植月季时加入的肥料。庭院种植时需要加入完全发酵好的有机肥料。

嫁接苗

对于月季而言，指的是将某个品种的枝条或芽嫁接在野蔷薇等的砧木上，从而培育出花苗的方法。

嫁接口

指的是接穗与砧木的接合部分。

间苗

根据植株的生长情况减少拥挤部分的枝条或植株的数量。

接穗

嫁接时使用的品种月季的枝条。

亮叶（光叶）

叶子表面有光泽的叶子。

磷

和钾、氮一起被称为植物生长的三要素。缺磷会影响植物初期的生长和根系的发育，对后期的成长有不良影响。

鹿沼土

是非常有代表性的园艺用土之一，排水性和保水性好。出产于日本栃木县鹿沼市。

落叶

指的是叶子凋落。为了应对低温、高湿、干燥而休眠的情况下，或有病害时都会发生落叶。

蔓生品种

藤本株型月季中枝条特别长且枝条很柔软的类型。

耐寒性

指的是植物耐低温的特性。

耐热性

指的是忍耐酷热的特性。

内芽

向着植株内侧生长的芽。在内芽上方修剪后，枝条就会向内侧生长，减少枝条伸展的空间。

泥炭土

在寒冷地区的湿地常年堆积的植物和水苔形成的一种基质。酸性强，和种植土混合后，可改善土壤的排水性和保水性。

 P

盆底石

为了更好地排水，在花盆的底部放入的石头或大颗粒土。代表性的盆底石为轻石。

品种

栽培品种和园艺品种的简称。用来区别形状或性质等与其他植物不同的植物的名字。

匍匐性

枝条沿着地面生长的特性。

Q

扦插

植物繁殖的方法之一。将枝条插入土壤中，生长成为新的植株。

牵引

用绳子将藤本枝条固定在支柱、栅栏或花架等上面，引导植物生长。

S

适期

适合进行（修剪等）作业的时期。

树形

同"株型"。

四季开花

指的是随着生长不断开花的特性。这类月季除了冬季以外，每隔 35~60 天就会开花一次。

宿根草本植物

多数情况下，指的是地上部分枯萎、地下部分休眠，在下一个生长期又会重新长出新芽的草花。也有地上部分不会枯萎的品种。宿根草本植物属于多年生草本植物。

笋芽

枝条的意思。指的是新生长出的枝条。

T

塔形花架

由方尖塔演变而来，是模仿其形状的构筑物。

头茬花

指的是植物在休眠期结束后第一次开的花。

徒长

枝条比预期的状态凌乱或长得很长。

徒长枝

指的是长势过于旺盛，长得太长、太粗壮的枝条。同时也指不需要的枝条。

W

外芽

在外芽的上方修剪后，枝条会向外侧生长，照射到充足的阳光后会开出许多花朵。

X

夏季修剪

为了让秋月季在较低的高度同时开放，而在夏季进行的修剪。

新苗

在夏季至冬季期间嫁接，在春季上市的花苗。

雄蕊

产生花粉的器官。在大多数情况下，花药附着在名为花丝的细长轴（柄）的顶端。

修剪

有意识地修剪不符合生长目的的枝条。不仅能将植株变小，也可以促进开花。

休眠期

当在冬季寒冷的时期或干旱期时，植物暂时停止生长的时期。

Y

芽变

由于遗传物质的突变，导致花色或株型等与母本不同。有自然产生的变异，也有人为造成的变异。

野生种

同"原种"。

液体肥料

一种液体状的肥料，通常需要用水稀释原液后使用。施肥后见效快。

叶子灼伤（焦叶）

在夏季强烈的阳光照射下，叶子部分受损。

一季开花

指的是一年仅开一次花的特性。在月季中，是指每年仅春季开一次花的类型。在本书中，从春季到盛夏期间多次开花的被归类为重复开花型。

一年生草本植物

指的是在播种后，一年之内完成发芽、生长、开花、结果、枯萎的整个生命周期的植物。

营养土

为了让植物更好地生长，加入种植土和肥料的土壤。

有机肥料

用动植物等有机物作为材料制作成的肥料，例如油粕等。大部分的有机肥料肥效比较缓慢。

油粕

用油菜籽等榨油之后剩下的残渣做成的有机肥料，含氮量高。

育种

通过天然变异或杂交等手段，经选择培育出优良特性的新品种。

原种

指的是未进行品种改良的种。同"野生种"。

越冬

指的是度过冬季。在寒冷地区和积雪地区要进行防寒、防雪保护。

月季果

月季结出的果实。

Z

杂交

指有着不同遗传基因的父母本进行交配或结合。可分为自然杂交和人工杂交。杂交产生的后代称为"杂交种"或"杂种"。

造型

通过修剪或牵引等手段，有目的地调整株型。

摘除残花

当花朵凋谢后要剪掉残花。对于四季开花的月季，摘除残花有利于下一茬花更好地开放。

长势

植株成长的态势。长势越强的植株，枝条生长越旺盛。

砧木

嫁接的时候，提供根部、承接嫁接枝条的植株。月季嫁接时常用野蔷薇作为砧木。

砧木芽

从砧木上残留的芽中长出来的枝条。如果放任不管它吸收砧木的养分，阻碍植物生长。发现后要从枝条的基部去除。

直立性

枝条笔直生长的特性。

植株基部

指的是植物茎干下部接触到土壤的部分。

种植土

容器栽培时需要用到的土壤。

种植坑

在定植植物时挖的坑。

株高

从地面到植株顶端的高度。

株型

成长后的植株形态。月季根据枝条的伸展方式分为直立株型、藤本株型和可藤可灌株型。

追肥

基肥效果慢慢降低时在土壤中追加的肥料，为生长中的植物提供养分。盆栽的植物需要定期追肥。

着花

指的是开出花朵。

月季品种名录索引

本书中出现的月季名称按拼音顺序进行排列，加粗字为"第 3 章　月季品种图鉴"中详细介绍的月季品种，详见加粗字页码。